Messaoud Mokhtari
Noureddine Golea

Commande Adaptative des Systèmes Non-linéaires "backstepping"

Messaoud Mokhtari
Noureddine Golea

Commande Adaptative des Systèmes Non-linéaires "backstepping"

Théorie et Applications

Presses Académiques Francophones

Impressum / Mentions légales
Bibliografische Information der Deutschen Nationalbibliothek: Die Deutsche Nationalbibliothek verzeichnet diese Publikation in der Deutschen Nationalbibliografie; detaillierte bibliografische Daten sind im Internet über http://dnb.d-nb.de abrufbar.

Information bibliographique publiée par la Deutsche Nationalbibliothek: La Deutsche Nationalbibliothek inscrit cette publication à la Deutsche Nationalbibliografie; des données bibliographiques détaillées sont disponibles sur internet à l'adresse http://dnb.d-nb.de.

Coverbild / Photo de couverture: www.ingimage.com

Verlag / Editeur:
Presses Académiques Francophones
ist ein Imprint der / est une marque déposée de
OmniScriptum GmbH & Co. KG
Heinrich-Böcking-Str. 6-8, 66121 Saarbrücken, Deutschland / Allemagne
Email: info@presses-academiques.com

Herstellung: siehe letzte Seite /
Impression: voir la dernière page
ISBN: 978-3-8416-2794-0

REMERCIEMENTS

Ce travail a été effectué sous la direction du Professeur Noureddine GOLEA, enseignant chercheur à l'institut d'électrotechnique « Université : Oum El Bouaghi » et sous la co-direction du Professeur Lamir SAIDI enseignant chercheur au département d'électronique « Université de Batna.

Mes remerciements vont tout premièrement à dieu, le tout puissant pour m'avoir donné la volonté, la santé et la patience.

Je tiens à exprimer ma profonde gratitude et ma reconnaissance à Monsieur N. GOLEA qui a mis à ma disposition son expérience, ainsi que son suivi constant jusqu'à achèvement et réussite de ce travail.

Je remercie également Monsieur L. SAIDI, pour son entière disponibilité et l'aide précieuse qu'il m'a apportée.

Je remercie vivement Monsieur N. BOUGUECHAL, Professeur à l'université de Batna, pour avoir accepté d'honorer la présidence du Jury d'examen de ce travail.

Que Messieurs K. BELARBI et K. BENMAHAMMED, trouvent ici mes remerciements pour l'honneur qu'ils me font en examinant ce travail.

Mes remerciements vont également à toute l'équipe du département d'électronique, particulièrement K. CHARA sans oublier A. MAOUCHA.

Mes chaleureux remerciements et mes reconnaissances vont particulièrement aux enseignants et administrateurs du département d'électronique, pour leur aide fructueuse, leur disponibilité et conseils à tout instant pour mener à bien ce travail.

Je tiens à remercier vivement mes collègues du département pour les encouragements et pour le climat d'entente très favorables pour la réussite de ce travail.

Je remercie également mon frère NASSIM pour les différentes discussions scientifiques, pour son aide et son entière disponibilité.

Enfin, sans oublier S. NAÏLI pour son aide précieuse au moment où j'en avais le plus besoin ainsi que pour son amitié.

Beaucoup de personnes ont contribué, de près ou de loin, à l'accomplissement de ce travail, je ne saurai les nommer tous, mais je tiens à leur exprimer mes vifs remerciements.

SOMMAIRE

1er Chapitre

Développement théorique de la méthode du « Backstepping »

2ème Chapitre

Commande Adaptative des Systèmes Non linéaires

« Backstepping »

avec observateur

$3^{\text{ème}}$ Chapitre

Application de la Commande Adaptative « Backstepping » Pour les Robots

4$^{\underline{\text{ème}}}$ Chapitre

Application de la Commande Adaptative « Backstepping » Pour les moteurs électriques

INTRODUCTION GENERALE

Historique :

La commande adaptative non linéaire a connu un grand intérêt à la fin des années 80, avec la première version de la linéarisation entrée-sortie adaptative. Plus tard, M. Krstić, I. Kanellakopoulos, et P. V. Kokotović ont introduit des méthodes utilisant des changements de variables récursifs appelés backstepping, sur des classes de systèmes triangulaires non linéaires paramétrés. De façon générale, les lois de commandes proposées satisfont de bonnes propriétés de robustesse et d'atténuation de perturbations, mais ne s'appliquent qu'à des classes restreintes de systèmes et n'utilisent que des contrôleurs statiques. En introduisant un changement de variables dynamique, proche des formes d'observation généralisées de M. Fliess et en utilisant une fonction de Lyapunov inspirée des travaux de L. Praly, des contrôleurs et des lois d'adaptation simples ont été obtenues pour des classes plus générales de systèmes non linéaires en 1980. Par ailleurs, la combinaison observateurs et commandes à modes glissants a permis d'obtenir en 1999 de nouveaux algorithmes prometteurs. Indépendamment, la stabilisation des systèmes feedforward en temps discret a été étudiée en 1999, en généralisant les travaux de F. Mazenc et L. Praly.

Introduction :

L'objectif principal d'un ingénieur automaticien est d'élaborer une loi de commande qui confère à un procédé physique des propriétés désirées. Pour vérifier les performances d'une loi de commande développée, une première approche consiste tout simplement à tester la validité de cette dernière sur le procédé lui-même. Cette technique peut s'avérer difficile, parfois même impossible à mettre en œuvre, comme par exemple dans le cas des structures spatiales, nucléaires, etc. Une alternative consiste alors à concevoir un modèle mathématique du procédé à commander, exploitable d'une part pour la synthèse du contrôleur et d'autre part pour la simulation des performances obtenues en boucle fermée. Dans cette optique, le but d'un chercheur automaticien est donc de développer des techniques permettant de :

- proposer des méthodologies de synthèse de contrôleurs assurant les performances recherchées (problème de commande ou problème de synthèse).
- garantir a priori le bon fonctionnement d'une loi de commande avant même sa mise en œuvre sur le procédé (problème d'analyse).

La science essaye de comprendre et de prédire le comportement de l'univers et des systèmes qui le composent en déterminant des modèles qui s'accordent avec les observations constatées et leur analyse. Ces modèles peuvent être construits comme un ensemble d'équations capables de définir les relations entre les entrées, les états et les sorties des systèmes considérés.

La forme de ces équations dépend de plusieurs facteurs, notamment l'échelle de temps adopté pour modéliser le procédé et la possibilité d'utiliser des méthodes de synthèse appropriées pour une forme particulière de modèles.

Pour commander un système, on s'appuie en général sur un modèle obtenu à partir de connaissances a priori comme les lois physiques ou à partir d'observations expérimentales. Dans beaucoup d'applications, on se contente d'une approximation linéaire autour d'un point de fonctionnement ou d'une trajectoire. Il est tout de même très important d'étudier les systèmes (ou les modèles) non-linéaires et leur commande pour les raisons suivantes. Tout d'abord, certains systèmes ont, autour de points de fonctionnement intéressants, une approximation linéaire qui n'est pas commandable de sorte que la linéarisation est inopérante, même localement. En second lieu, et même si le système linéarisé est commandable, on peut élargir le domaine de fonctionnement au-delà du domaine de validité de l'approximation linéaire. Enfin, certains problèmes de commande, comme la planification de trajectoire, ne sont pas de nature locale, et ne peuvent être traités à l'aide d'un modèle approché linéaire.

Problématique :

Les centres d'intérêt du travail s'articulent autour des systèmes non linéaires, l'accent étant mis sur l'étude des systèmes qui paraissent significatifs du point de vue des applications concrètes. Plus particulièrement, ce travail étudie les problèmes liés à la stabilisation et à l'observation mais les problèmes de modélisation et de simulation se trouvent aussi dans la problématique du manuscrit.

L'instabilité est un problème plus gênant pour les systèmes non-linéaires que pour les systèmes linéaires. Durant les transitions du paramètre estimé, l'état peut diverger vers l'infini durant un temps fini. Pour cette raison, la commande adaptative non-linéaire, adoptée dans ce qui suit, va résoudre le problème de stabilité pour certaines classes de systèmes non-linéaires.

Stabiliser un système autour d'un point d'équilibre consiste à trouver un feedback (statique ou dynamique) qui rend l'équilibre asymptotiquement stable. Les outils utilisés sont multiples : backstepping, feedforwarding, fonctions semi-définies positives,...**[26]**

Un observateur est un système d'équations différentielles dont l'objectif est de reconstruire asymptotiquement les variables d'états du système. L'observateur utilise les données connues du système à savoir ses entrées (les commandes) et ses sorties (les mesures). Autant cette technique est bien maîtrisée dans le cadre des systèmes linéaires, autant celle-ci est délicate dans le cas des systèmes non linéaires.

Objectifs généraux :

Dans cet ouvrage, on s'intéresse aux méthodes de commande non linéaires adaptatives. Ces méthodes apportent une amélioration substantielle aux performances des contrôleurs adaptatifs basés sur l'estimation. Pour les méthodes non linéaires, la stabilité passe au premier plan pour devenir l'élément clé du design. La loi de commande tient compte de la dynamique d'adaptation. Ces deux dernières, ainsi que la "Fonction de Lyapunov" qui garantit la stabilité et les performances du système, sont conçues simultanément, grâce à l'algorithme du "backstepping" et ses variantes. Cette méthode manque toutefois de souplesse dans le choix de la commande. Son utilisation dans une boucle de contrôle nécessite l'inhibition de tout contrôleur existant au préalable. L'idée de ce travail consiste à utiliser le "backstepping" pour améliorer les performances des boucles adaptatives de contrôle (en tenant compte de la dynamique d'adaptation) et atteindre les objectifs suivants :

- Développer et analyser globalement la technique (méthode) de commande.
- Appliquer cette méthode ou technique sur des procédés physiques.
- Déduire une conclusion générale concernant cette technique.

Présentation du travail :

La technique du backstepping, adaptée aux systèmes triangulaires inférieurs, est une méthode de commande récursive basée sur la fonction de Lyapunov. Cette dernière est un outil bien connu pour l'étude de la stabilité des systèmes dynamiques non contrôlés.

Pour un système contrôlé, on appelle *fonction de Lyapunov* contrôlée une fonction qui est de Lyapunov pour le système bouclé par une certaine commande. Ceci se traduit par une inégalité différentielle que l'on appellera équation d'Artstein et qui ressemble à l'équation d'Hamilton-Jacobi-Bellmann. On peut déduire d'une fonction de Lyapunov contrôlée des retours d'état continus stabilisants de manière très commode.**[13]**

Notre proposition dans ce qui suit est d'introduire l'algorithme du backstepping. La première procédure est de choisir les conditions qui permettent de discuter et de synthétiser cette technique de commande. Ensuite on va filtrer des fonctions non linéaires qui peuvent bénéficier de cette technique. Enfin, deux exemples pratiques feront l'objet de validation de notre travail.

L'un des premiers succès incontestables de l'automatique a été de proposer des solutions originales et pratiques à des problèmes d'estimation en permettant de faire l'économie de capteurs trop onéreux ou pas assez fiables, voire inexistants. Suivant les applications, l'information disponible et les hypothèses peuvent varier, ce qui se traduit par la mise en œuvre d'approches diverses. Nous présentons ici quelques-unes de celles développées par la méthode backstepping.

Cet ouvrage est réparti en quatre chapitres et la simulation est faite en se basant sur des programmes formulés en langage Matlab.**[18]**

Dans le premier chapitre, nous présentons d'abord le concept et la mise au point de la technique backstepping, puis nous établissons l'algorithme généralisé. En définissant quelques modèles, nous nous intéresserons uniquement aux étapes et à la procédure de développement de la technique backstepping.

Le deuxième chapitre est le sujet d'une étude détaillée de la technique backstepping avec l'observateur qui présente une partie complémentaire du développement précédent.

Nous consacrons le troisième chapitre à la résolution des problèmes de commande concernant les robots en se basant sur la technique backstepping. Comme, nous pourrons faire l'application au robot manipulateur à deux degrés de liberté et au robot mobile.

Au quatrième chapitre, nous présenterons une deuxième application pour les moteurs :

- moteur à réluctance variable,
- moteur synchrone,
- moteur asynchrone.

Enfin, nous terminons l'étude par une analyse des différents résultats de simulation obtenus.

1er Chapitre

DEVELOPPEMENT THEORIQUE DE LA METHODE DU « BACKSTEPPING »

I.1 Introduction

L'utilisation de cette technique exige une méthodologie systématique pour la conception. On va introduire la notion du backstepping avec une prise en charge de la nature non linéaire du système.

Dans ce qui suit, on va clarifier la différence qui existe entre la commande adaptative et non adaptative des systèmes non linéaires par la technique du backstepping. Ensuite, une étude théorique développée va nous permettre d'avoir une connaissance des bases de cette technique de commande et rendre son application facile pour les robots et les machines. Enfin, un algorithme de base, constituant le résumé global de ce chapitre, est présenté.

I.2 Commande par backstepping

I.2.1 Approche non adaptative

I.2.1.1 Principe

Tout d'abord, on va développer un exemple de commande non adaptative (figure I.1) par la technique backstepping dans le but d'atteindre la convergence des erreurs afin de réaliser la stabilité et l'équilibre $x_1 = y_r$ du système dont y_r est l'entrée de référence.

Soit le système :

$$\begin{aligned} \dot{x}_1 &= x_2 + \varphi(x_1)^T.\theta \\ \dot{x}_2 &= u \\ y &= x_1 \end{aligned} \qquad (I.1)$$

tel que θ : vecteur paramétrique connu,

$\varphi(x_1)$: vecteur de fonctions non linéaires lisses, tel que $\varphi(0) = 0$.

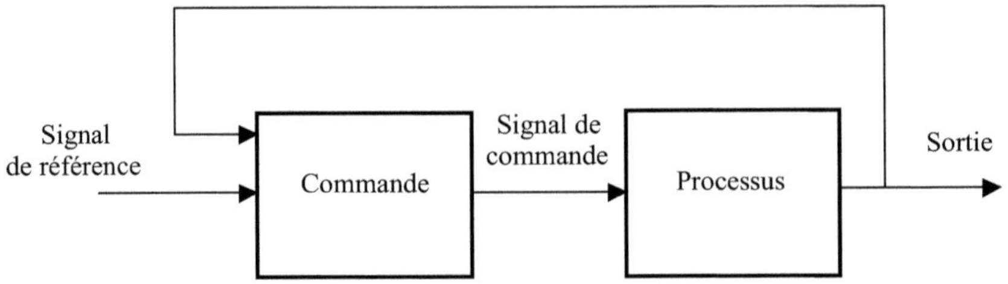

Figure I.1. Schéma de principe de la commande non adaptative

La conception du « backstepping » est récursive. D'abord, on choisit l'état x_2 comme étant la commande virtuelle de l'état x_1 (voir l'équation I.1), ensuite on adopte la fonction stabilisante suivante :

$$\alpha_1(x_1) = -c_1(x_1 - y_r) - \varphi(x_1)^T.\theta \qquad , \ c_1 > 0 \tag{I.2}$$

Cette solution est conçue pour stabiliser l'équation (I.1) en supposant que $x_2 = \alpha_1(x_1)$ peut être implantée. Puisque ce n'est pas le cas, on définit :

$$\begin{aligned} z_1 &= x_1 - y_r \\ z_2 &= x_2 - \alpha_1(x_1) - \dot{y}_r \end{aligned} \tag{I.3}$$

z_2 est la variable qui exprime la réalité que « x_2 n'est pas la commande exacte ». Alors, le système complet (I.1) peut être formulé en utilisant les nouvelles coordonnées z_1 et z_2 :

$$\begin{aligned} \dot{z}_1 &= -c_1 z_1 + z_2 \\ \dot{z}_2 &= u - \frac{\partial \alpha_1}{\partial x_1}(x_2 + \varphi(x_1)^T.\theta) - \ddot{y}_r - \frac{\partial \alpha_1}{\partial y_r}.\dot{y}_r \end{aligned} \tag{I.4}$$

Pour le système d'équations (I.4), on va concevoir une loi de commande $u = \alpha_2(x_1, x_2)$ afin de rendre la dérivée de la fonction de Lyapunov définie négative. Cet objectif peut être complété par une simple fonction de Lyapunov définie positive :

$$V = \frac{1}{2} z_1^2 + \frac{1}{2} z_2^2 \tag{I.5}$$

La dérivée de (I.5) le long de la trajectoire donne :

$$\dot{V} = z_1.\dot{z}_1 + z_2.\dot{z}_2$$
$$= -c_1 z_1^2 + z_2\left[u + z_1 - \frac{\partial \alpha_1}{\partial x_1}(x_2 + \varphi(x_1)^T.\theta) - \ddot{y}_r - \frac{\partial \alpha_1}{\partial y_r}.\dot{y}_r\right] \qquad (I.6)$$

Le chemin évident pour réaliser et atteindre la négativité de $\dot{V}$ est de choisir la commande u comme :

$$u = \alpha_2(x_1, x_2) = -c_2 z_2 - z_1 + \frac{\partial \alpha_1}{\partial x_1}(x_2 + \varphi(x_1)^T.\theta) + \ddot{y}_r + \frac{\partial \alpha_1}{\partial y_r}.\dot{y}_r \qquad (I.7)$$

alors :

$$\dot{V} = -c_1 z_1^2 - c_2 z_2^2 \leq 0 \qquad (I.8)$$

Ce qui signifie que l'équilibre est globalement asymptotiquement stable. Le système en boucle fermée résultant est linéaire stable :

$$\dot{Z} = A.Z \qquad (I.9)$$

avec : $A = \begin{bmatrix} -c_1 & 1 \\ -1 & -c_2 \end{bmatrix}$, $Z = \begin{bmatrix} z_1 \\ z_2 \end{bmatrix}$

La solution dans ce cas se traduit par :

$$Z = Z(0).\exp(-A.t) \qquad (I.10)$$

I.2.1.2 Résultats de simulation

- **Régulation $y_r = 1$**

$c_1 = 6$; $c_2 = 6$; $\theta = [10\ 7]^T$
$x_1(0) = 0$
$x_2(0) = 0$
$\varphi(x_1) = [\sin(x_1)\ \ x_1^3]^T$

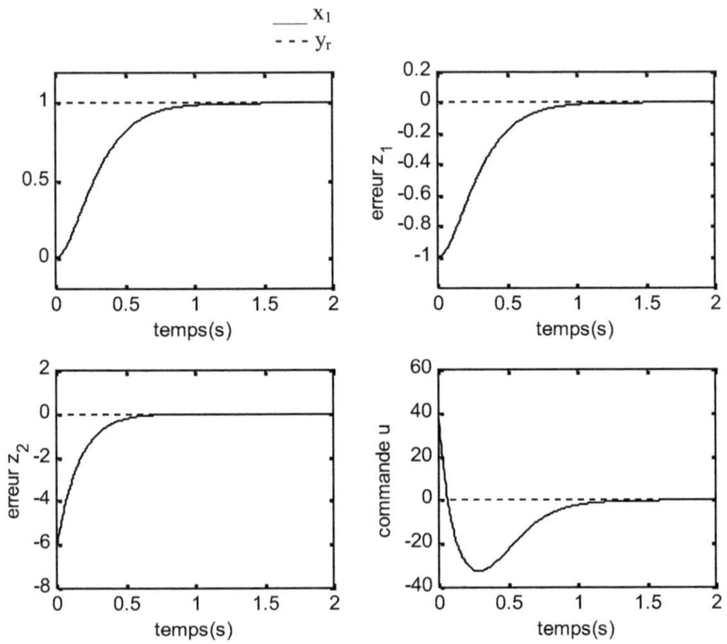

Figure I.2 : Commande non adaptative -régulation-

Nous constatons que les résultats obtenus montrent un bon comportement de fonctionnement. L'erreur entre x_1 et y_r tend vers zéro après 1,5 secondes, et on peut améliorer cette convergence en faisant un très bon choix des constantes c_1 et c_2 mais on se retrouve avec un régime amorti qui est indésirable lors d'une application pratique.

- **Poursuite y_r =sin(5.t)**

$c_1 = 10$; $c_2 = 100$; $\theta = [\ [1 \quad 1,5]^T$
$x_1(0) = 0,5$
$x_2(0) = 0$
$\varphi(x_1) = [\sin(x_1) \quad x_1^3]^T$

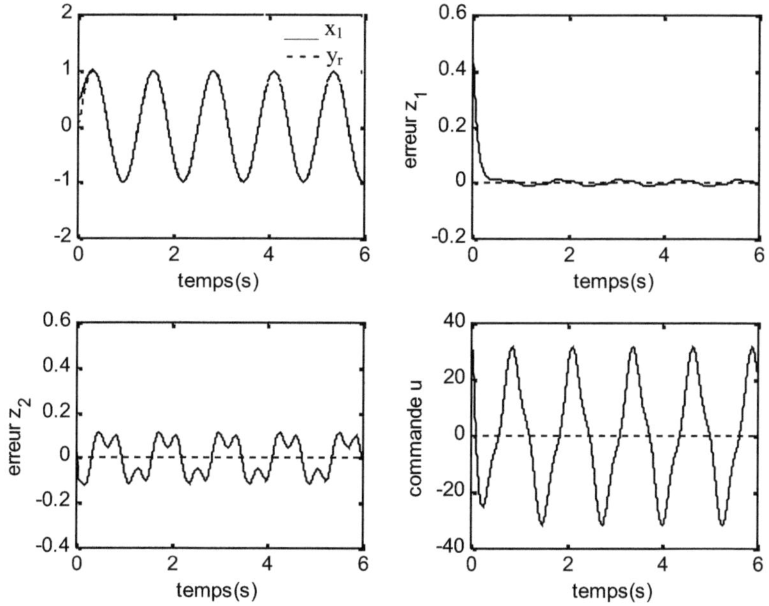

Figure I.3 : Commande non adaptative -poursuite-

Une très petite variation de l'erreur autour de l'origine est visible, ce qui confirme la stabilité du système. Le suivi de l'entrée de référence est presque idéal à partir de 0,5 seconde.

I.2.2 Approche adaptative

Les modèles réels des systèmes physiques ne sont pas linéaires et habituellement caractérisés par des paramètres (masses, inductances,……) qui sont peu connus ou dépendent d'un petit changement d'environnement. Si ces paramètres varient dans un intervalle important, il serait mieux d'employer une loi d'adaptation pour estimer les paramètres du système (figure I.4). **[16]**

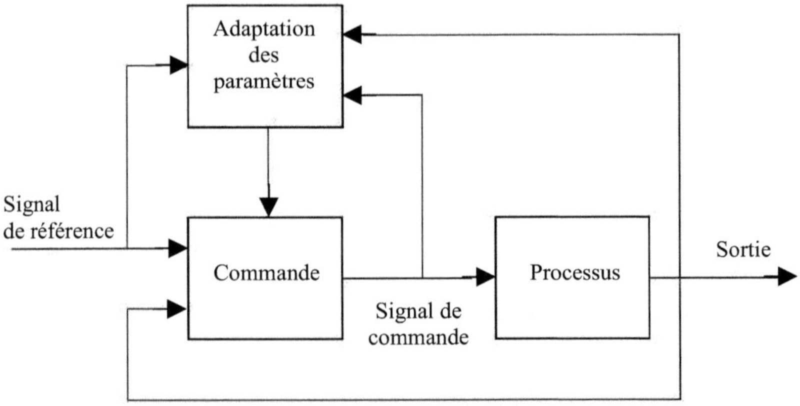

Figure I.4 : Schéma de principe de la commande adaptative

I.2.2.1 Conditions d'implantation

Comme la majorité des méthodes de commande étudiées, l'application de la technique backstepping est limitée à certaines classes de systèmes. Les systèmes dans ce cas doivent être sous une certaine forme triangulaire.**[21]**

La forme générale du système à analyser est donnée par :

$$
\begin{aligned}
\dot{x}_1 &= x_2 + \varphi_1(x_1)^T.\theta \\
\dot{x}_2 &= x_3 + \varphi_2(x_1, x_2)^T.\theta \\
&. \\
&. \\
&. \\
\dot{x}_{n-1} &= x_n + \varphi_{n-1}(x_1, \ldots\ldots, x_{n-1})^T.\theta \\
\dot{x}_n &= \beta(x).u + \varphi_n(x)^T.\theta \\
y &= x_1
\end{aligned}
\qquad (I.11)
$$

où chaque $\varphi_i : R^i \mapsto R^p$ est un vecteur de fonctions non linéaires, et $\theta \in R^p$ est un vecteur de coefficients constants. La commande u est multipliée par la fonction $\beta(x)$, avec $\beta(x) \neq 0, \forall x \in R^n$. Si le but est d'atteindre la trajectoire désirée y_r en utilisant l'état x_1, alors l'algorithme du backstepping peut être utilisé pour la stabilisation globale asymptotique de l'erreur primaire du système (on note l'erreur primaire par $z \in R^n$).

Puisque le vecteur θ est inconnu, alors avec une augmentation du système par la dynamique de l'estimateur $\hat{\theta}$ une version algorithmique adaptative du backstepping est utilisée dans le but d'avoir une stabilité globale et asymptotique de l'erreur primaire du système.

En général, l'algorithme de la commande adaptative backstepping peut être utilisé pour atteindre la stabilité globale et asymptotique de l'erreur primaire du système si les étapes et les conditions suivantes sont respectées :

- Le système est introduit selon la forme (I.11) ;
- Les fonctions non linéaires φ_i sont connues ;
- La paramétrisation est linéaire ;
- La fonction $\beta(x)$ satisfait la condition $\beta(x) \neq 0, \forall x \in R^n$;
- Chaque φ_i est suffisamment lisse ;
- Le signal qui va être suivi y_r est continu ;
- Tous les états sont mesurables.

Le diagramme, présenté par la figure I.5, expose un exemple d'ordre trois avec $\beta(x)=1$ et les fonctions non linéaires dépendent seulement des variables d'état.

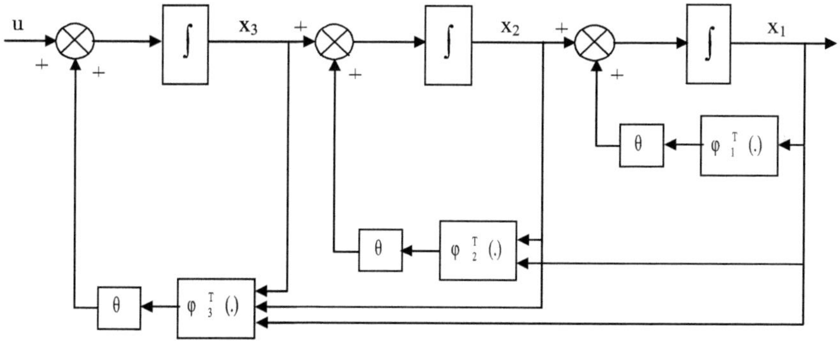

Figure I.5 : Schéma du système d'ordre trois

I.2.2.2 Etude comparative de deux modèles

Dans ce qui suit, on va présenter l'étude de deux systèmes non linéaires et l'implantation du backstepping sera introduite afin de réaliser une commande adaptative.

Le problème d'adaptation surgit à cause du vecteur paramétrique inconnu θ et le vecteur de fonctions non-linéaires $\varphi(x_1)$ est connu avec $\varphi(0)=0$.

Les systèmes A et B sont complètement différents : le nombre d'intégrations entre la commande u et le paramètre θ augmente de 1 en A à 2 en B.

Modèle A

Soit le système :

$$\begin{aligned} \dot{x}_1 &= x_2 + \varphi(x_1)^T.\theta \\ \dot{x}_2 &= u \\ y &= x_1 \end{aligned} \tag{I.12}$$

Pour concevoir une commande adaptative dans cette partie, on remplace le vecteur de paramètres réels θ par son estimation $\hat{\theta}$ dans la fonction de stabilisation (équations I.2 et I.3), ce qui donne :

$$\begin{aligned} z_1 &= x_1 - y_r \\ z_2 &= x_2 - \alpha_1(x_1, \hat{\theta}) - \dot{y}_r \\ \alpha_1(x_1, \hat{\theta}) &= -c_1 z_1 - \varphi^T.\hat{\theta} \end{aligned} \tag{I.13}$$

Dans ce cas, la loi de commande « équation (I.7) » va être renforcée par le terme $v_2(x_1,x_2,\hat{\theta})$ qui va compenser les transitions des paramètres estimés.

$$u = \alpha_2(x_1, x_2, \hat{\theta}) = -c_2 z_2 - z_1 + \frac{\partial \alpha_1}{\partial x_1}(x_2 + \varphi^T.\hat{\theta}) + v_2(x_1, x_2, \hat{\theta}) + \ddot{y}_r + \frac{\partial \alpha_1}{\partial y_r}.\dot{y}_r \tag{I.14}$$

Le système résultant dans les coordonnées z est :

$$\begin{aligned} \dot{z}_1 &= z_2 + \alpha_1 + \varphi^T.\theta = -c_1 z_1 + z_2 + \varphi^T.\tilde{\theta} \\ \dot{z}_2 &= \dot{x}_2 - \dot{\alpha}_1 = u - \frac{\partial \alpha_1}{\partial x_1}(x_2 + \varphi^T.\theta) - \frac{\partial \alpha_1}{\partial \hat{\theta}}\dot{\hat{\theta}} - \ddot{y}_r - \frac{\partial \alpha_1}{\partial y_r}.\dot{y}_r \\ &= -c_2 z_2 - z_1 - \frac{\partial \alpha_1}{\partial x_1}\varphi^T.\tilde{\theta} - \frac{\partial \alpha_1}{\partial \hat{\theta}}\dot{\hat{\theta}} + v_2(x_1, x_2, \hat{\theta}) - \ddot{y}_r - \frac{\partial \alpha_1}{\partial y_r}.\dot{y}_r \end{aligned} \tag{I.15}$$

avec : $\tilde{\theta} = \theta - \hat{\theta}$

En tenant compte de l'équation (I.15), le terme compensateur est choisi comme suit:

$$v_2(x_1, x_2, \hat{\theta}) = \frac{\partial \alpha_1}{\partial \hat{\theta}} \dot{\hat{\theta}} \tag{I.16}$$

Si l'erreur $\tilde{\theta}$ est nulle, le système devient asymptotiquement linéaire et stable (équation I.10). Puisque ce n'est pas le cas, la tâche suivante consiste à choisir la loi de mise à jour $\dot{\hat{\theta}} = \Gamma \tau_2(x, \hat{\theta})$.

Considérons la fonction de Lyapunov :

$$V_2 = \frac{1}{2} z_1^2 + \frac{1}{2} z_2^2 + \frac{1}{2} \tilde{\theta}^T \Gamma^{-1} \tilde{\theta} \tag{I.17}$$

Puisque $\dot{\tilde{\theta}} = -\dot{\hat{\theta}}$, la dérivée de V_2 s'écrit :

$$\begin{aligned} \dot{V}_2 &= -c_1 z_1^2 . - c_2 z_2^2 + \begin{bmatrix} z_1 & z_2 \end{bmatrix} \begin{bmatrix} \varphi^T \\ -\frac{\partial \alpha_1}{\partial x_1} \varphi^T \end{bmatrix} \tilde{\theta} - \tilde{\theta}^T \Gamma^{-1} \dot{\hat{\theta}} \\ &= -c_1 z_1^2 . - c_2 z_2^2 + \tilde{\theta}^T \Gamma^{-1} \left(\Gamma \begin{bmatrix} \varphi & -\frac{\partial \alpha_1}{\partial x_1} \varphi \end{bmatrix} \begin{bmatrix} z_1 \\ z_2 \end{bmatrix} - \dot{\hat{\theta}} \right) \end{aligned} \tag{I.18}$$

La seule solution pour éliminer l'erreur paramétrique $\tilde{\theta}$ est de choisir la loi de mise à jour suivante :

$$\dot{\hat{\theta}} = \Gamma \tau_2(x, \hat{\theta}) = \Gamma \begin{bmatrix} \varphi & -\frac{\partial \alpha_1}{\partial x_1} \varphi \end{bmatrix} \begin{bmatrix} z_1 \\ z_2 \end{bmatrix} \tag{I.19}$$

ce qui permet d'écrire les expressions suivantes :

$$\begin{aligned} \tau_1(x_1) &= \varphi z_1 \\ \tau_2(x_1, x_2, \hat{\theta}) &= \tau_1(x_1) - \frac{\partial \alpha_1}{\partial x_1} \varphi z_2 \end{aligned} \tag{I.20}$$

Alors, $\dot{V}_2$ est négative et la stabilité globale de z=0 est réalisée.

$$\dot{V}_2 = -c_1 z_1^2 - c_2 z_2^2 \leq 0 \tag{I.21}$$

Enfin, il résulte que l'équilibre $x_1=y_r$ est globalement stable et $\lim_{t\to\infty} x_1(t) = y_r$.

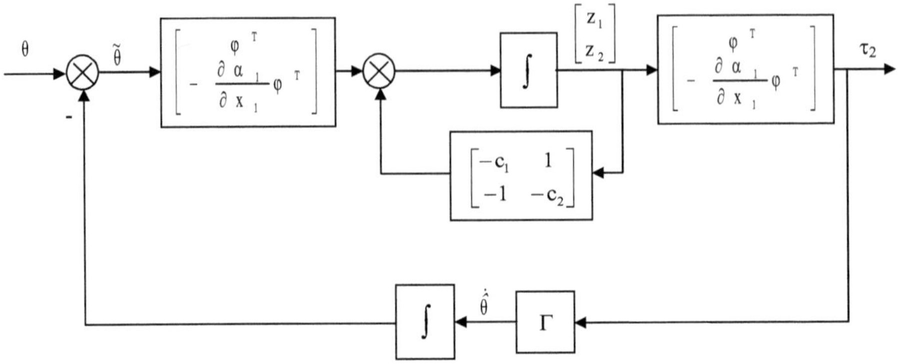

Figure I.6 : Commande adaptative du système bouclé

La propriété de cette loi de commande est définie par le terme ν_2 , proportionnel à $\dot{\hat{\theta}}$ et compensé par l'effet transitoire du paramètre estimé. C'est ce départ, certainement essentiel, qui rend la stabilité adaptative du système possible.

Modèle B

Soit le système :

$$\begin{aligned} \dot{x}_1 &= x_2 + \varphi(x_1)^T.\theta \\ \dot{x}_2 &= x_3 \\ \dot{x}_3 &= u \\ y &= x_1 \end{aligned} \qquad (I.22)$$

Ce système est obtenu par l'augmentation avec un intégrateur du système (I.12). La loi de commande $\alpha_2(x_1,x_2,\hat{\theta})$, désignée dans l'équation (I.14), ne peut être appliquée directement puisque x_3 est un état et non une commande. On considère l'étape $\dot{x}_3 = u$ et on développe la conception de la loi de commande u « nouvelle entrée » pour définir l'erreur suivante :

$$z_3 = x_3 - \alpha_2(x_1,x_2,\hat{\theta}) - \ddot{y}_r \qquad (I.23)$$

Etant donné que la loi de mise à jour du paramètre (équation I.19) sera modifiée par l'existence de z_3, le terme compensateur ν_2 adoptera la structure suivante :

$$\nu_2(x_1,x_2,\hat{\theta}) = \frac{\partial \alpha_1}{\partial \hat{\theta}} \Gamma \tau_2(x_1,x_2,\hat{\theta}) \tag{I.24}$$

tel que τ_2 compense l'effet transitoire du paramètre estimé.

Avec les équations (I.13), (I.23), (I.20) et (I.24), la dynamique des erreurs aura la forme :

$$\begin{bmatrix} \dot{z}_1 \\ \dot{z}_2 \end{bmatrix} = \begin{bmatrix} -c_1 & 1 \\ -1 & -c_2 \end{bmatrix} . \begin{bmatrix} z_1 \\ z_2 \end{bmatrix} + \begin{bmatrix} \varphi^T \\ -\dfrac{\partial \alpha_1}{\partial x_1} \varphi^T \end{bmatrix} \tilde{\theta} + \begin{bmatrix} 0 \\ z_3 + \dfrac{\partial \alpha_1}{\partial \hat{\theta}} (\Gamma \tau_2 - \dot{\hat{\theta}}) \end{bmatrix} \tag{I.25}$$

ce qui permet d'avoir la dérivée de la fonction de Lyapunov suivante :

$$\dot{V}_2 = -c_1 z_1^2 . - c_2 z_2^2 + z_2 z_3 + z_2 \frac{\partial \alpha_1}{\partial \hat{\theta}} (\Gamma \tau_2 - \dot{\hat{\theta}}) + \tilde{\theta}^T (\tau_2 - \Gamma^{-1} \dot{\hat{\theta}}) \tag{I.26}$$

D'après l'équation (I.23), on aboutit à :

$$\dot{z}_3 = u - \frac{\partial \alpha_2}{\partial x_1} (x_2 + \varphi^T \hat{\theta}) - \frac{\partial \alpha_2}{\partial x_2} x_3 - \frac{\partial \alpha_2}{\partial \hat{\theta}} \dot{\hat{\theta}} - \frac{\partial \alpha_2}{\partial x_1} \varphi^T \tilde{\theta} - y_r^{(3)} \tag{I.27}$$

La dernière étape consiste à utiliser la fonction de Lyapunov suivante :

$$V_3 = V_2 + \frac{1}{2} z_3^2 = \frac{1}{2} z_1^2 + \frac{1}{2} z_2^2 + \frac{1}{2} z_3^2 + \frac{1}{2} \tilde{\theta}^T \Gamma^{-1} \tilde{\theta} \tag{I.28}$$

et sa dérivée s'écrit :

$$\begin{aligned} \dot{V}_3 = & - c_1 z_1^2 - c_2 z_2^2 + z_2 \frac{\partial \alpha_1}{\partial \hat{\theta}} (\Gamma . \tau_2 - \dot{\hat{\theta}}) \\ & + z_3 \left[z_2 + u - \frac{\partial \alpha_2}{\partial x_1} (x_2 + \varphi^T \hat{\theta}) - \frac{\partial \alpha_2}{\partial x_2} x_3 - \frac{\partial \alpha_2}{\partial \hat{\theta}} \dot{\hat{\theta}} - y_r^{(3)} - \frac{\partial \alpha_2}{\partial y_r} . \dot{y}_r - \frac{\partial \alpha_2}{\partial \dot{y}_r} . y_r^{(2)} \right] \\ & + \tilde{\theta}^T (\tau_2 - \frac{\partial \alpha_2}{\partial x_1} \varphi z_3 - \Gamma^{-1} \dot{\hat{\theta}}) \end{aligned} \tag{I.29}$$

Il faut éliminer l'erreur paramétrique $\tilde{\theta}$; pour cela on choisit la loi de mise à jour suivante :

$$\dot{\hat{\theta}} = \Gamma\tau_3(x_1, x_2, x_3, \hat{\theta}) = \Gamma(\tau_2 - \frac{\partial\alpha_2}{\partial x_1}\varphi.z_3) \qquad (I.30)$$

A partir de l'équation (I.29), on déduit la loi de commande suivante :

$$u = \alpha_3(x_1, x_2, x_3, \hat{\theta}) = -z_2 - c_3 z_3 + \frac{\partial\alpha_2}{\partial x_1}(x_2 + \varphi^T.\hat{\theta}) + \frac{\partial\alpha_2}{\partial x_2}x_3 + v_3 \qquad (I.31)$$

ce qui donne :

$$\dot{V}_3 = -c_1 z_1^2 - c_2 z_2^2 - c_3 z_3^2 + z_2\frac{\partial\alpha_1}{\partial\hat{\theta}}(\Gamma.\tau_2 - \dot{\hat{\theta}}) + z_3(v_3 - \frac{\partial\alpha_2}{\partial\hat{\theta}}\dot{\hat{\theta}}) \qquad (I.32)$$

D'après l'expression (I.32), v_3 compense $\frac{\partial\alpha_2}{\partial\hat{\theta}}\dot{\hat{\theta}}$ et puisque les deux termes $z_2\frac{\partial\alpha_1}{\partial\hat{\theta}}(\Gamma\tau_2 - \dot{\hat{\theta}})$ et v_3 ne peuvent être éliminés ensemble, on procède à la notation suivante :

$$\dot{\hat{\theta}} - \Gamma\tau_2 = \dot{\hat{\theta}} - \Gamma\tau_3 + \Gamma\tau_3 - \Gamma\tau_2 = \dot{\hat{\theta}} - \Gamma\tau_3 - \Gamma\frac{\partial\alpha_2}{\partial x_1}\varphi z_3 \qquad (I.33)$$

D'après l'équation (I.32), $\dot{V}_3$ peut être formulée par :

$$\dot{V}_3 = -c_1 z_1^2 - c_2 z_2^2 - c_3 z_3^2 + z_3(v_3 - \frac{\partial\alpha_2}{\partial\hat{\theta}}\Gamma\tau_3 + \frac{\partial\alpha_1}{\partial\hat{\theta}}\Gamma\frac{\partial\alpha_2}{\partial x_1}\varphi z_2) \qquad (I.34)$$

En tenant compte de l'équation (I.34), le terme v_3 doit être choisi comme suit :

$$v_3(x_1, x_2, x_3, \hat{\theta}) = \frac{\partial\alpha_2}{\partial\hat{\theta}}\Gamma\tau_3 - \frac{\partial\alpha_1}{\partial\hat{\theta}}\Gamma\frac{\partial\alpha_2}{\partial x_1}\varphi z_2 \qquad (I.35)$$

alors, l'équation (I.34) peut s'écrire :

$$\dot{V}_3 = -c_1 z_1^2 - c_2 z_2^2 - c_3 z_3^2 \leq 0 \qquad (I.36)$$

ce qui garanti que l'équilibre x_1=y_r est globalement stable, et $\lim_{t\to\infty} x_1(t) = y_r$.

I.2.2.3 Résultats de simulation

Modèle A

$c_1 = 5$; $c_2 = 5$; $\theta = [2\ 1]^T$; $\hat{\theta} = [1\ \ 0{,}8]^T$
$x_1(0) = -1$
$x_2(0) = -2$

- **Régulation $y_r = 1$ « cas adaptatif »**

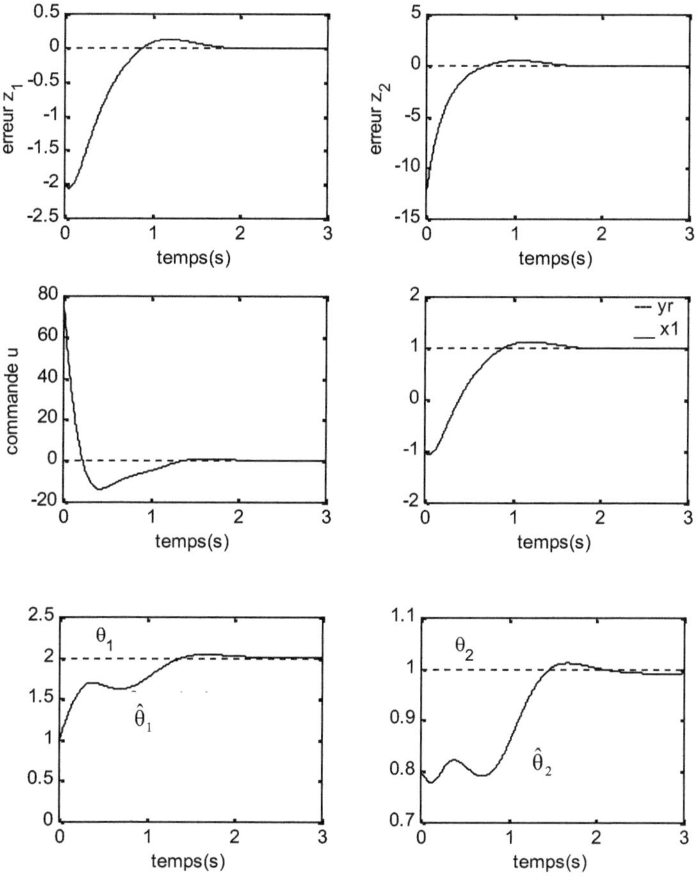

Figure I.7 : Commande adaptative du modèle A -régulation-

Il est clair qu'à partir de 2 secondes les erreurs tendent vers zéro et les paramètres estimés diffèrent peu des valeurs réelles. Remarquons que ce temps nécessaire pour la convergence n'est pas assez convaincant pour certains systèmes et cela peut être réglé par un bon choix des gains d'adaptations et des conditions initiales.

Modèle A

- **Régulation $y_r = 1$ « cas non adaptatif »**

$c_1 = 5$; $c_2 = 5$; $\theta = [2\ 1]^T$
$x_1(0) = -1$
$x_2(0) = -2$
$\Gamma = [0.15\ \ 0.043\ ;\ 0.05\ \ 0.045]$
$\varphi(x_1) = [\sin(x_1)\ \ (x_1)^2]^T$

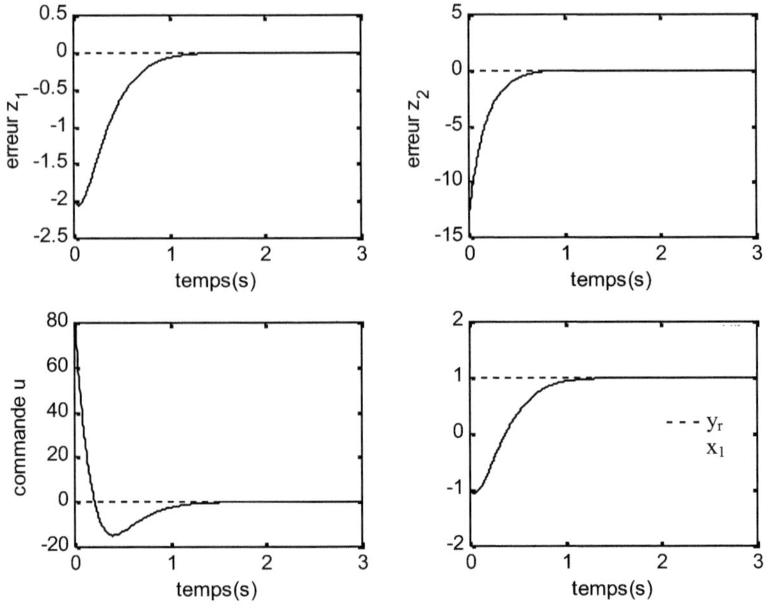

Figure I.8 : Commande non adaptative du modèle A -régulation-

Avec les mêmes données, on a supposé le cas non adaptatif pour le même système et on a constaté que la différence se situe au niveau de la durée de convergence et stabilité. Il est clair que le régime de stabilité est atteint à partir de 1.5 secondes, inférieur au cas adaptatif.

- **Poursuite y_r =sin(t/50) « cas adaptatif »**

$c_1 = 20$; $c_2 = 200$; $\theta = [15\ 20]^T$; $\hat{\theta} = [11\ 18]^T$
$x_1(0) = 0$
$x_2(0) = 0$
$\Gamma = [0.15\ \ 0.043\ ;\ 0.05\ \ 0.045]$
$\varphi(x_1) = [\sin(x_1)\ \ x_1^2]^T$

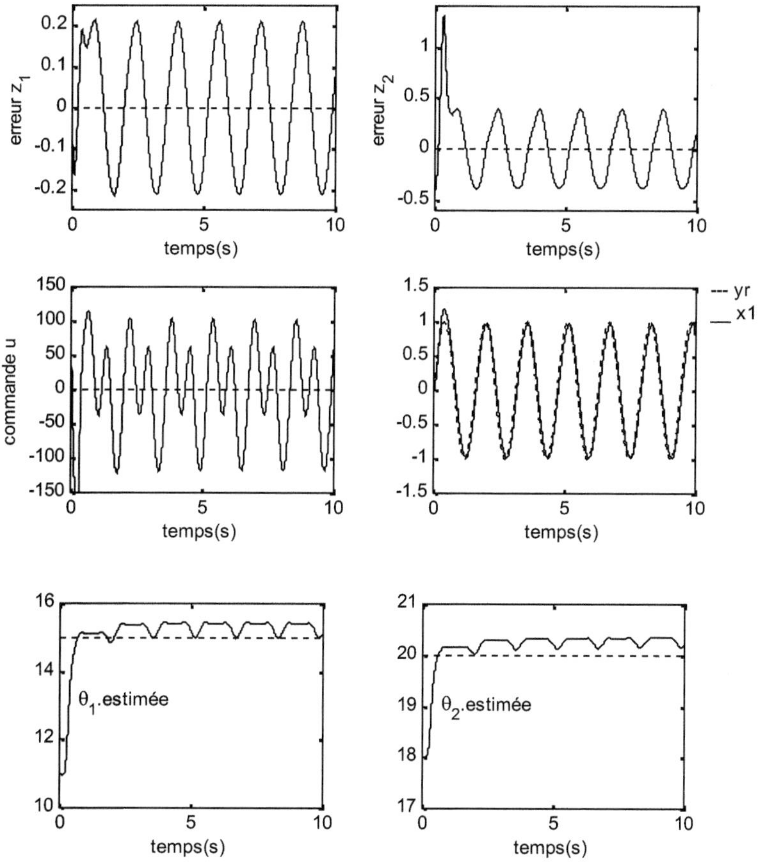

Figure I.9 : Commande adaptative du modèle A -poursuite-

Notons bien que l'erreur z_1 présente une variation entre 0,2 et –0,2 ce qui est provoqué par la variation sinusoïdale de l'entrée de référence, et on peut minimiser cette erreur en utilisant un observateur qui est l'objet du prochain chapitre.

- **Poursuite y_r =sin(t/50) « cas non adaptatif »**

$c_1 = 20$; $c_2 = 200$; $\theta = [15\ 20]^T$
$x_1(0) = 0$
$x_2(0) = 0$
$\Gamma = [0.15\ \ 0.043\ ;\ 0.05\ \ 0.045]$
$\varphi(x_1)^T = [\sin(x_1)\ \ x_1^2]$

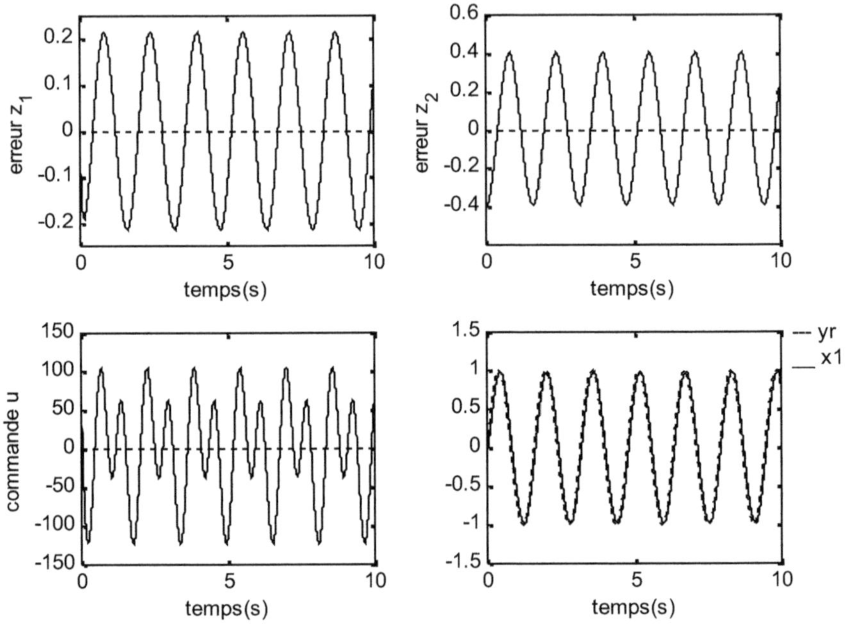

Figure I.10 : Commande non adaptative du modèle A -poursuite-

En utilisant les mêmes données avec une commande non adaptative, il est clair que la différence n'est pas visible dans le cas de poursuite, donc on peut déduire qu'on distingue cette différence mieux dans le cas d'une régulation.

I.2.3 Développement théorique de la commande adaptative backstepping

I.2.3.1 Développement théorique

Dans ce qui suit, on va élargir le champ de complexité par la mise en œuvre de deux systèmes qui vont permettre certainement d'établir le résumé global pour ce chapitre.

A/ Système d'ordre deux

Considérons le système suivant :

$$\begin{aligned} \dot{x}_1 &= x_2 + \varphi_1(x_1)^T.\theta \\ \dot{x}_2 &= \beta(x).u + \varphi_2(x_1, x_2)^T.\theta \\ y &= x_1 \end{aligned} \qquad (I.37)$$

le changement de variable adopté est décrit par les expressions :

$$\begin{aligned} z_1 &= x_1 - y_r \\ z_2 &= x_2 - \dot{y}_r - \alpha_1 \end{aligned} \qquad (I.38)$$

la fonction stabilisante peut être choisie telle que :

$$\alpha_1(x_1, \hat{\theta}, y_r) = -c_1 z_1 - \omega_1^T \hat{\theta} + v_1 \qquad (I.39)$$

Sachant que :

$v_1 = 0, \ \tau_1 = \omega_1 z_1, \ \omega_1 = \varphi_1$

l'équation (I.39) s'écrit :

$$\alpha_1(x_1, \hat{\theta}, y_r) = -c_1 z_1 - \varphi_1^T \hat{\theta}$$

La dynamique des erreurs s'exprime par :

$$\begin{aligned} \dot{z}_1 &= \dot{x}_1 - \dot{y}_r \\ &= z_2 - c_1 z_1 + \varphi_1^T.\tilde{\theta} \end{aligned} \qquad (I.40)$$

$$\begin{aligned} \dot{z}_2 &= \dot{x}_2 - y_r^{(2)} - \dot{\alpha}_1 \\ &= \beta(x).u + \varphi_2^T.\theta - y_r^{(2)} - \frac{\partial \alpha_1}{\partial x_1}(x_2 + \varphi_1^T.\theta) - \frac{\partial \alpha_1}{\partial \hat{\theta}}\dot{\hat{\theta}} - \frac{\partial \alpha_1}{\partial y_r}\dot{y}_r \end{aligned} \qquad (I.41)$$

- <u>Fonction de Lyapunov</u>

$$V_2 = \frac{1}{2}z_1^2 + \frac{1}{2}z_2^2 + \frac{1}{2}\tilde{\theta}^T\Gamma^{-1}\tilde{\theta}$$

$$\dot{V}_2 = -c_1 z_1^2 + z_2\left[z_1 + \beta(x).u + \varphi_2^T.\hat{\theta} - y_r^{(2)} - \frac{\partial\alpha_1}{\partial x_1}(x_2 + \varphi_1^T.\hat{\theta}) - \frac{\partial\alpha_1}{\partial\hat{\theta}}\dot{\hat{\theta}} - \frac{\partial\alpha_1}{\partial y_r}\dot{y}_r\right] \tag{I.42}$$

$$+ \tilde{\theta}^T\Gamma^{-1}\left(\Gamma\varphi_1 z_1 - \Gamma\frac{\partial\alpha_1}{\partial x_1}\varphi_1 z_2 - \dot{\hat{\theta}} + \Gamma\varphi_2 z_2\right)$$

- <u>Loi de mise à jour</u>

Pour éliminer l'erreur il faut choisir la loi d'adaptation :

$$\begin{aligned}\dot{\hat{\theta}} &= \Gamma\varphi_1 z_1 - \Gamma\frac{\partial\alpha_1}{\partial x_1}\varphi_1 z_2 + \Gamma\varphi_2 z_2 \\ &= \Gamma\left(\varphi_1 z_1 - \frac{\partial\alpha_1}{\partial x_1}\varphi_1 z_2 + \varphi_2 z_2\right) = \Gamma.\tau_2\end{aligned} \tag{I.43}$$

qu'on peut écrire sous forme matricielle :

$$\dot{\hat{\theta}} = \Gamma\begin{bmatrix}\varphi_1 & \varphi_2 - \frac{\partial\alpha_1}{\partial x_1}\varphi_1\end{bmatrix}\begin{bmatrix}z_1 \\ z_2\end{bmatrix} = \Gamma.W.Z \tag{I.44}$$

avec :

$$W = \begin{bmatrix}w_1 & w_2\end{bmatrix}$$

$$w_1 = \varphi_1,\quad w_2 = \varphi_2 - \frac{\partial\alpha_1}{\partial x_1}\varphi_1$$

$$Z = \begin{bmatrix}z_1 \\ z_2\end{bmatrix}$$

$$\tau_2 = \varphi_1 z_1 + z_2\left(\varphi_2 - \frac{\partial\alpha_1}{\partial x_1}\varphi_1\right) = \tau_1 + z_2.w_2$$

- <u>Loi de commande adaptative</u>

Pour que le système soit équilibré ($\dot{V}_2 = -c_1 z_1^2 - c_2 z_2^2$), il faut que :

$$z_1 + \beta(x).u + \varphi_2^T.\hat{\theta} - y_r^{(2)} - \frac{\partial\alpha_1}{\partial x_1}(x_2 + \varphi_1^T.\hat{\theta}) - \frac{\partial\alpha_1}{\partial\hat{\theta}}\dot{\hat{\theta}} - \frac{\partial\alpha_1}{\partial y_r}\dot{y}_r = -c_2 z_2$$

Alors, on aura la loi de commande suivante :

$$u = \frac{1}{\beta(x)}\left[- z_1 - c_2 z_2 - (\varphi_2^{\ T} - \frac{\partial \alpha_1}{\partial x_1}\varphi_1^{\ T}).\hat{\theta} + \frac{\partial \alpha_1}{\partial x_1} x_2 + \frac{\partial \alpha_1}{\partial \hat{\theta}}\dot{\hat{\theta}} + \frac{\partial \alpha_1}{\partial y_r}\dot{y}_r + y_r^{(2)} \right] \quad (I.45)$$

Sachant que :

$$\dot{\hat{\theta}} = \Gamma.\tau_2 \ , \quad \frac{\partial \alpha_1}{\partial \hat{\theta}}\dot{\hat{\theta}} = \frac{\partial \alpha_1}{\partial \hat{\theta}}\Gamma.\tau_2 = \nu_2$$

alors, l'expression de la fonction stabilisante s'écrit :

$$\alpha_2\left(x, \hat{\theta}, y_r^{(.)}\right) = - z_1 - c_2 z_2 - (\varphi_2^{\ T} - \frac{\partial \alpha_1}{\partial x_1}\varphi_1^{\ T}).\hat{\theta} + \frac{\partial \alpha_1}{\partial x_1} x_2 + \frac{\partial \alpha_1}{\partial y_r}\dot{y}_r + \nu_2 \quad (I.46)$$

ce qui permet de déduire la loi de commande suivante :

$$u = \frac{1}{\beta(x)}\left[\alpha_2\left(x, \hat{\theta}, y_r^{(.)}\right) + y_r^{(2)}\right] \quad (I.47)$$

- <u>Système après changement de variables</u>

La dynamique des erreurs s'écrit :

$$\dot{z}_1 = - c_1 z_1 + z_2 + \varphi_1^{\ T}.\tilde{\theta} \quad (I.48)$$

$$\dot{z}_2 = - z_1 - c_2 z_2 + \left(\varphi_2^{\ T} - \frac{\partial \alpha_1}{\partial x_1}\varphi_1^{\ T}\right)\tilde{\theta} \quad (I.49)$$

Alors :

$$\dot{Z} = A_z.Z + W^T.\tilde{\theta} \quad (I.50)$$

tel que :

$$A_z = \begin{bmatrix} -c_1 & +1 \\ -1 & -c_2 \end{bmatrix} ; W = \begin{bmatrix} w_1 & w_2 \end{bmatrix} = \begin{bmatrix} \varphi_1 & \varphi_2 - \frac{\partial \alpha_1}{\partial x_1}\varphi_1 \end{bmatrix}$$

<u>B/ Système d'ordre trois</u>

Considérons le système suivant :

$$\begin{aligned} \dot{x}_1 &= x_2 + \varphi_1(x_1)^T.\theta \\ \dot{x}_2 &= x_3 + \varphi_2(x_1, x_2)^T.\theta \\ \dot{x}_3 &= \beta(x).u + \varphi_3(x_1, x_2, x_3)^T.\theta \\ y &= x_1 \end{aligned} \quad (I.51)$$

On adopte le changement de variables suivant :

$$\begin{aligned} z_1 &= x_1 - y_r \\ z_2 &= x_2 - \dot{y}_r - \alpha_1 \\ z_3 &= x_3 - y_r^{(2)} - \alpha_2 \end{aligned} \tag{I.52}$$

tel que les fonctions stabilisantes :

$$\alpha_1(x_1,\hat{\theta},y_r) = -c_1 z_1 - \varphi_1^T \hat{\theta}$$

$$\alpha_2\left(x,\hat{\theta},y_r^{(\cdot)}\right) = -z_1 - c_2 z_2 - (\varphi_2^T - \frac{\partial \alpha_1}{\partial x_1}\varphi_1^T).\hat{\theta} + \frac{\partial \alpha_1}{\partial x_1} x_2 + \frac{\partial \alpha_1}{\partial y_r}\dot{y}_r + v_2 \tag{I.53}$$

sachant que :

$$v_2 = \frac{\partial \alpha_1}{\partial \hat{\theta}}\Gamma.\tau_2 = \frac{\partial \alpha_1}{\partial \hat{\theta}}\Gamma(\tau_1 + w_2.z_2) = \frac{\partial \alpha_1}{\partial \hat{\theta}}\Gamma(w_1.z_1 + w_2.z_2)\ ;\ w_1 = \varphi_1;\ w_2 = \varphi_2 - \frac{\partial \alpha_1}{\partial x_1}\varphi_1$$

En tenant compte des équations (I.51), (I.52) et (I.53), on trouve les expressions suivantes :

$$\begin{aligned} \dot{z}_1 &= \dot{x}_1 - \dot{y}_r \\ &= z_2 - c_1 z_1 + \varphi_1^T.\tilde{\theta} \end{aligned} \tag{I.54}$$

$$\begin{aligned} \dot{z}_2 &= \dot{x}_2 - y_r^{(2)} - \dot{\alpha}_1(x_1,\hat{\theta},y_r) \\ &= -z_1 - c_2 z_2 + z_3 + \frac{\partial \alpha_1}{\partial \hat{\theta}}\Gamma.\tau_2 + (\varphi_2^T - \frac{\partial \alpha_1}{\partial x_1}\varphi_1^T).\tilde{\theta} - \frac{\partial \alpha_1}{\partial \hat{\theta}}\dot{\hat{\theta}} \end{aligned} \tag{I.55}$$

qu'on peut écrire sous forme matricielle :

$$\begin{bmatrix}\dot{z}_1\\ \dot{z}_2\end{bmatrix} = \begin{bmatrix}-c_1 & +1\\ -1 & -c_2\end{bmatrix}.\begin{bmatrix}z_1\\ z_2\end{bmatrix} + \begin{bmatrix}\varphi_1^T\\ \varphi_2^T - \frac{\partial \alpha_2}{\partial x_1}\varphi_1^T\end{bmatrix}.\tilde{\theta} + \begin{bmatrix}0\\ \frac{\partial \alpha_1}{\partial \hat{\theta}}(\Gamma\tau_2 - \dot{\hat{\theta}}) + z_3\end{bmatrix}$$

- <u>Fonction de Lyapunov</u>

$$\begin{aligned} V_2 &= \frac{1}{2}z_1^2 + \frac{1}{2}z_2^2 + \frac{1}{2}\tilde{\theta}^T\Gamma^{-1}\tilde{\theta} \\ \dot{V}_2 &= z_1\dot{z}_1 + z_2\dot{z}_2 - \tilde{\theta}^T\Gamma^{-1}\dot{\hat{\theta}} \\ &= -c_1 z_1^2 - c_2 z_2^2 + z_2 z_3 + z_2\frac{\partial \alpha_1}{\partial \hat{\theta}}\left[\Gamma.\tau_2 - \dot{\hat{\theta}}\right] + \tilde{\theta}^T\left[z_1\varphi_1 + z_2(\varphi_2 - \frac{\partial \alpha_1}{\partial x_1}\varphi_1) - \Gamma^{-1}\dot{\hat{\theta}}\right] \end{aligned} \tag{I.56}$$

avec :

$$w_1 = \varphi_1,\quad w_2 = \varphi_2 - \frac{\partial \alpha_1}{\partial x_1}\varphi_1,\quad \tau_2 = w_1.z_1 + w_2.z_2$$

ce qui donne :

$$\dot{V}_2 = -c_1 z_1^2 - -c_2 z_2^2 + z_2 z_3 + z_2 \frac{\partial \alpha_1}{\partial \hat{\theta}}\left[\Gamma.\tau_2 - \dot{\hat{\theta}}\right] + \tilde{\theta}^T\left[\tau_2 - \Gamma^{-1}\dot{\hat{\theta}}\right] \tag{I.57}$$

et la dynamique de l'erreur z_3 aura l'expression suivante :

$$\begin{aligned}\dot{z}_3 &= \dot{x}_3 - y_r^{(3)} - \dot{\alpha}_2(x_1, x_2, \hat{\theta}, y_r, \dot{y}_r)\\ &= \beta(x).u + \varphi_3^T.\hat{\theta} - y_r^{(3)} - \frac{\partial \alpha_2}{\partial x_1}\left[x_2 + \varphi_1^T.\hat{\theta}\right] - \frac{\partial \alpha_2}{\partial x_2}\left[x_3 + \varphi_2^T.\hat{\theta}\right] + \left[\varphi_3^T - \frac{\partial \alpha_2}{\partial x_1}\varphi_1^T - \frac{\partial \alpha_2}{\partial x_2}\varphi_2^T\right]\tilde{\theta}\\ &\quad - \frac{\partial \alpha_2}{\partial \hat{\theta}}\dot{\hat{\theta}} - \frac{\partial \alpha_2}{\partial y_r}\dot{y}_r - \frac{\partial \alpha_2}{\partial \dot{y}_r}y_r^{(2)}\end{aligned} \tag{I.58}$$

Le développement de la troisième fonction de Lyapunov est donné par :

$$\begin{aligned}V_3 &= V_2 + \frac{1}{2}z_3^2\\ \dot{V}_3 &= \dot{V}_2 + z_3\dot{z}_3\\ &= -c_1 z_1^2 - c_2 z_2^2 + z_2 \frac{\partial \alpha_1}{\partial \hat{\theta}}\left[\Gamma.\tau_2 - \dot{\hat{\theta}}\right]\\ &\quad + z_3\left[z_2 + \beta(x).u + \varphi_3^T.\hat{\theta} - y_r^{(3)} - \frac{\partial \alpha_2}{\partial x_1}(x_2 + \varphi_1^T.\hat{\theta}) - \frac{\partial \alpha_2}{\partial x_2}(x_3 + \varphi_2^T.\hat{\theta}) - \frac{\partial \alpha_2}{\partial \hat{\theta}}\dot{\hat{\theta}} - \frac{\partial \alpha_2}{\partial y_r}\dot{y}_r - \frac{\partial \alpha_2}{\partial \dot{y}_r}y_r^{(2)}\right]\\ &\quad + \tilde{\theta}^T\left[\tau_2 - \Gamma^{-1}\dot{\hat{\theta}} + z_3 w_3\right]\end{aligned} \tag{I.59}$$

avec :

$$w_3 = \varphi_3 - \frac{\partial \alpha_2}{\partial x_1}\varphi_1 - \frac{\partial \alpha_2}{\partial x_2}\varphi_2$$

- <u>Loi de mise à jour</u>

Pour éliminer l'erreur il faut choisir :

$$\dot{\hat{\theta}} = \Gamma.(\tau_2 + z_3 w_3) = \Gamma.\tau_3 \tag{I.60}$$

avec : $\tau_3 = \tau_2 + z_3 w_3$ d'ou $\tau_3 - \tau_2 = z_3 w_3$

$$\dot{\hat{\theta}} = \Gamma\left[\varphi_1 \quad \varphi_2 - \frac{\partial \alpha_1}{\partial x_1}\varphi_1 \quad \varphi_3 - \frac{\partial \alpha_2}{\partial x_1}\varphi_1 - \frac{\partial \alpha_2}{\partial x_2}\varphi_2\right]\begin{bmatrix} z_1 \\ z_2 \\ z_3 \end{bmatrix} = \Gamma.W.Z \tag{I.61}$$

avec :

$$W = [w_1 \quad w_2 \quad w_3]$$

$$w_1 = \varphi_1 \,, \quad w_2 = \varphi_2 - \frac{\partial \alpha_1}{\partial x_1}\varphi_1, w_3 = \varphi_3 - \frac{\partial \alpha_2}{\partial x_1}\varphi_1 - \frac{\partial \alpha_2}{\partial x_2}\varphi_2$$

$$Z = \begin{bmatrix} z_1 \\ z_2 \\ z_3 \end{bmatrix}$$

- <u>Loi de commande adaptative</u>

Pour que le système soit équilibré il faut que :

$$\dot{V}_3 = -c_1 z_1^2 - c_2 z_2^2 - c_3 z_3^2 \leq 0 \tag{I.62}$$

avec c_1, c_2, c_3 des constantes positives.

Donc la loi de commande :

$$\begin{aligned} u = \frac{1}{\beta(x)} \Bigg[& - z_2 - c_3 z_3 - (\varphi_3{}^T - \frac{\partial \alpha_2}{\partial x_1}\varphi_1{}^T - \frac{\partial \alpha_2}{\partial x_2}\varphi_2{}^T).\hat{\theta} + \frac{\partial \alpha_2}{\partial x_1} x_2 \\ & + \frac{\partial \alpha_2}{\partial x_2} x_3 + \frac{\partial \alpha_2}{\partial y_r}\dot{y}_r + \frac{\partial \alpha_2}{\partial \dot{y}_r} y_r^{(2)} + v_3 + y_r^{(3)} \Bigg] \end{aligned} \tag{I.63}$$

Avec :

$$\alpha_3 = -z_2 - c_3 z_3 - w_3{}^T.\hat{\theta} + \frac{\partial \alpha_2}{\partial x_1} x_2 + \frac{\partial \alpha_2}{\partial x_2} x_3 + \frac{\partial \alpha_2}{\partial y_r}\dot{y}_r + \frac{\partial \alpha_2}{\partial \dot{y}_r} y_r^{(2)} + v_3 \tag{I.64}$$

on trouve :

$$u = \frac{1}{\beta(x)}\left[\alpha_3\left(x, \hat{\theta}, y_r^{(.)}\right) + y_r^{(3)}\right] \tag{I.65}$$

Pour trouver l'expression de v_3 , on remplace (I.63) dans (I.62) et on trouve :

$$\dot{V}_3 = -c_1 z_1^2 - c_2 z_2^2 - c_3 z_3^2 + z_2 \frac{\partial \alpha_1}{\partial \hat{\theta}}\left[\Gamma.\tau_2 - \dot{\hat{\theta}}\right] - z_3 \frac{\partial \alpha_2}{\partial \hat{\theta}}\dot{\hat{\theta}} + z_3 v_3 \tag{I.66}$$

Soit :

$$\dot{\hat{\theta}} - \Gamma.\tau_2 = \dot{\hat{\theta}} - \Gamma.\tau_3 + \Gamma.\tau_3 - \Gamma.\tau_2 = \dot{\hat{\theta}} - \Gamma.\tau_3 + \Gamma.w_3 z_3 = \Gamma.w_3 z_3$$

tel que :

$$\tau_3 - \tau_2 = w_3 z_3 \quad \text{et} \quad \dot{\hat{\theta}} = \Gamma.\tau_3$$

alors, l'équation (I.66) s'écrit :

$$\dot{V}_3 = -c_1 z_1^2 - c_2 z_2^2 - c_3 z_3^2 + z_3\left[-z_2 \frac{\partial \alpha_1}{\partial \hat{\theta}}\Gamma.w_3 - \frac{\partial \alpha_2}{\partial \hat{\theta}}\Gamma.\tau_3 + v_3\right] \tag{I.67}$$

Pour que $\dot{V}_3$ soit strictement négative il faut que :

$$v_3 = z_2 \frac{\partial \alpha_1}{\partial \hat{\theta}} \Gamma . w_3 + \frac{\partial \alpha_2}{\partial \hat{\theta}} \Gamma . \tau_3 \tag{I.68}$$

avec :

$\lim_{t \to \infty} z(t) = 0$

- Système après changement de variables

La dynamique des erreurs est représentée par les équations :

$$\dot{z}_1 = -c_1 z_1 + z_2 + w_1^T . \tilde{\theta} \tag{I.69}$$

$$\dot{z}_2 = -z_1 - c_2 z_2 + z_3 + \frac{\partial \alpha_1}{\partial \hat{\theta}} \Gamma .(\tau_2 - \tau_3) + (\varphi_2^T - \frac{\partial \alpha_1}{\partial x_1} \varphi_1^T). \tilde{\theta} \tag{I.70}$$

avec :

$$\tau_2 - \tau_3 = -w_3 z_3$$

$$= -z_1 - c_2 z_2 + (1 - w_3 \frac{\partial \alpha_1}{\partial \hat{\theta}} \Gamma) z_3 + (\varphi_2^T - \frac{\partial \alpha_1}{\partial x_1} \varphi_1^T). \tilde{\theta}$$

$$\sigma_{23} = -\frac{\partial \alpha_1}{\partial \hat{\theta}} w_3 \Gamma ; w_2^T = \varphi_2^T - \frac{\partial \alpha_1}{\partial x_1} \varphi_1^T$$

ce qui permet d'écrire :

$$\dot{z}_2 = -z_1 - c_2 z_2 + (1 + \sigma_{23}) z_3 + w_2^T . \tilde{\theta}$$

$$\dot{z}_3 = \beta(x).u + \varphi_3^T . \hat{\theta} - y_r^{(3)} - \frac{\partial \alpha_2}{\partial x_1} \left[x_2 + \varphi_1^T . \hat{\theta}\right] - \frac{\partial \alpha_2}{\partial x_2} \left[x_3 + \varphi_2^T . \hat{\theta}\right] + w_3^T . \tilde{\theta} - \frac{\partial \alpha_2}{\partial \hat{\theta}} \dot{\hat{\theta}} - \frac{\partial \alpha_2}{\partial y_r} \dot{y}_r - \frac{\partial \alpha_2}{\partial \dot{y}_r} y_r^{(2)} \tag{I.71}$$

En remplaçant u par son expression donnée par (I.65) on obtient alors :

$$\begin{aligned} \dot{z}_3 &= -z_2 - c_3 z_3 + \upsilon_3 + w_3^T . \tilde{\theta} - \frac{\partial \alpha_2}{\partial \hat{\theta}} \Gamma \tau_3 \\ &= (-1 - \sigma_{23}). z_2 - c_3 z_3 + w_3^T . \tilde{\theta} \end{aligned} \tag{I.72}$$

Finalement on trouve :

$$\dot{Z} = A_z . Z + W . \tilde{\theta} \tag{I.73}$$

tel que :

$$A_z = \begin{bmatrix} -c_1 & 1 & 0 \\ -1 & -c_2 & 1 + \sigma_{23} \\ 0 & -1 - \sigma_{23} & -c_3 \end{bmatrix};$$

$$W = \begin{bmatrix} w_1 & w_2 & w_3 \end{bmatrix} = \begin{bmatrix} \varphi_1 & (\varphi_2 - \frac{\partial \alpha_1}{\partial x_1} \varphi_1) & (\varphi_3 - \frac{\partial \alpha_2}{\partial x_1} \varphi_1 - \frac{\partial \alpha_2}{\partial x_2} \varphi_2) \end{bmatrix}$$

I.2.3.2 Résultats de simulation

Considérons le système suivant :

$$\dot{x}_1 = x_2 + \varphi_1(x_1)^T.\theta$$
$$\dot{x}_2 = \beta(x).u + \varphi_2(x_1, x_2)^T.\theta$$
$$y = x_1$$

$c_1 = 60$; $c_2 = 40$; $\theta = [20 \ \ 10]^T$
$\hat{\theta} = [0 \ \ 0]^T$
$x_1(0) = -1$; $x_2(0) = -2$
$\Gamma = [0.15 \ \ 0.043 \ ; 0.05 \ \ 0.045]$;
$\varphi(x_1)^T = [\sin(x_1) \ \ x_1^2]$
$\varphi(x_1,x_2)^T = [x_2.\cos(x_1) \ \ x_1.x_2]$

- **Régulation (**

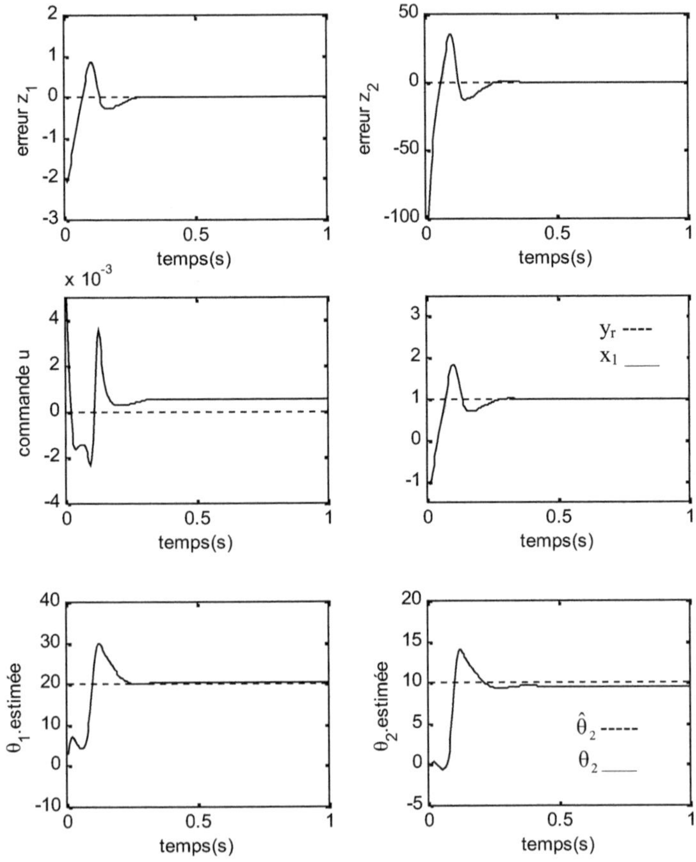

Figure I.11 : Commande adaptative du système d'ordre deux -régulation-

Après 0,5 secondes la stabilité est atteinte, et les paramètres estimés ne sont pas très loin des valeurs réelles.

- **Poursuite (yr = sin(t/50))**

$c_1 = 60$; $c_2 = 40$; θ = [10 4]^T
$\hat{\theta} = [0\ 0]^T$
$x_1(0) = 1$; $x_2(0) = 0$
$\Gamma = [0.06\quad 0.043\ ;\ 0.02\quad 0.06]$

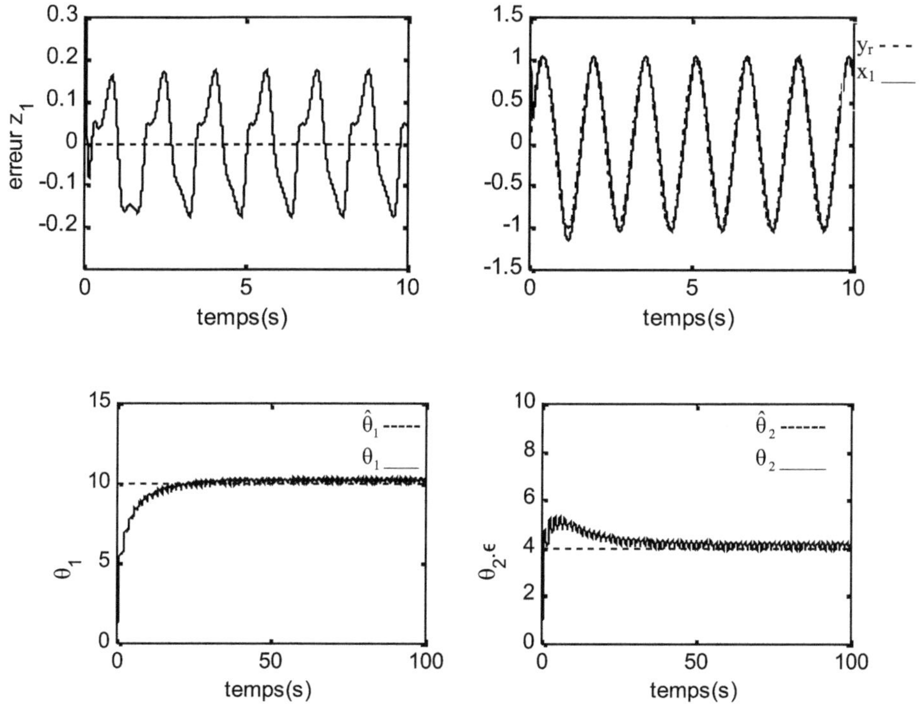

Figure I.12 : Commande adaptative du système d'ordre deux -poursuite-

L'erreur z_1 présente une variation faible autour de l'origine et les deux paramètres estimés varient au voisinage des valeurs réelles.

I.3 Généralisation

Afin de donner l'algorithme de la commande adaptative « backstepping » pour certaines classes de systèmes non-linéaires, le schéma (I.13) représente la procédure globale de cette technique:

La forme générale du système est donnée par :

$$
\begin{aligned}
\dot{x}_1 &= x_2 + \varphi_1(x_1)^T.\theta, \\
\dot{x}_2 &= x_3 + \varphi_2(x_1, x_2)^T.\theta, \\
&. \\
&. \\
\dot{x}_{n-1} &= x_n + \varphi_{n-1}(x_1, \ldots\ldots, x_{n-1})^T.\theta \\
\dot{x}_n &= \beta(x).u + \varphi_n(x)^T.\theta \\
y &= x_1,
\end{aligned}
$$

telles que $\beta(x) \neq 0 \ \forall x \in \Re^n$ et $F(x)=[\varphi_1(x_1), \varphi_2(x_1,x_2), \ldots\ldots \varphi_n(x)]$ vecteur de fonctions non-linéaires lisses.

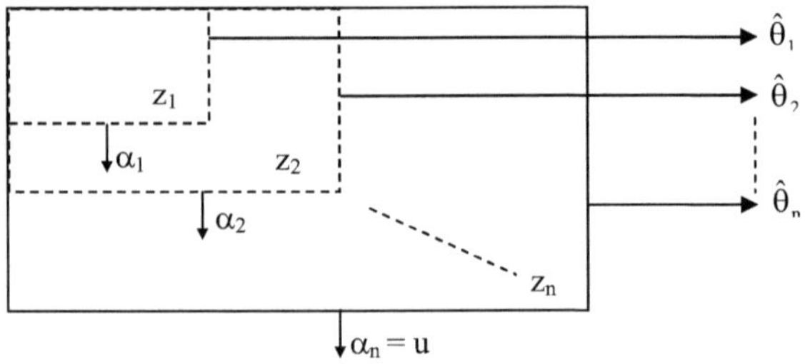

Figure I.13 : Procédures de la technique. Chaque étape génère l'erreur z_i, la fonction stabilisante α_i, et une nouvelle estimation $\hat{\theta}_i$ du vecteur paramétrique inconnu θ

- <u>Algorithme de la procédure backstepping</u>

Par convention, on définit $z_0 \overset{\Delta}{=} 0$, $\alpha_0 \overset{\Delta}{=} 0$, $\tau_0 \overset{\Delta}{=} 0$

$$z_i = x_i - y_r^{(i-1)} - \alpha_{i-1}$$

$$\alpha_i(\overline{x}_i, \hat{\theta}, \overline{y}_r^{(i-1)}) = -z_{i-1} - c_i z_i - w_i^T.\hat{\theta} + \sum_{k=1}^{i-1}\left(\frac{\partial \alpha_{i-1}}{\partial x_k} x_{k+1} + \frac{\partial \alpha_{i-1}}{\partial y_r^{(k-1)}} y_r^{(k)}\right) + v_i$$

$$v_i(\overline{x}_i, \hat{\theta}, \overline{y}_r^{(i-1)}) = \frac{\partial \alpha_{i-1}}{\partial \hat{\theta}_k} \Gamma \tau_i + \sum_{k=2}^{i-1} \frac{\partial \alpha_{i-1}}{\partial \hat{\theta}_k} \Gamma w_i z_k$$

$$\tau_i(\overline{x}_i, \hat{\theta}, \overline{y}_r^{(i-1)}) = \tau_{i-1} + w_i z_i$$

$$w_i(\overline{x}_i,\hat{\theta},\overline{y}_r^{(i-2)}) = \varphi_i - \sum_{k=1}^{i-1}\left(\frac{\partial \alpha_{i-1}}{\partial x_k}\varphi_k\right)$$

i= 1,..........,n

$\overline{x}_i = (x_1, x_2, ...x_i)$, $\overline{y}_r^{(i)} = (y_r, \dot{y}_r, \ddot{y}_r, ..., y_r^{(i)})$ connues

La loi de commande adaptative :

$$u = \frac{1}{\beta(x)}\left[\alpha_n(x,\hat{\theta},\overline{y}_r^{(n-1)}) + y_r^{(n)}\right]$$

La loi d'adaptation de mise à jour :

$$\dot{\hat{\theta}} = \Gamma\tau_n(x,\hat{\theta},\overline{y}_r^{(n-1)}) = \Gamma w.z$$

Le système bouclé aura la forme :

$$\dot{z} = A_z(z,\hat{\theta},t)\,z + w(z,\hat{\theta},t)^T\,\tilde{\theta}$$

$$\dot{\hat{\theta}} = \Gamma w(z,\hat{\theta},t)\,z$$

tel que :

$$A_z(z,\hat{\theta},t) = \begin{bmatrix} -c_1 & 1 & 0 & ..... & 0 \\ -1 & -c_2 & 1+\sigma_{23} & ..... & \sigma_{2n} \\ 0 & -1-\sigma_{23} & ...... & ..... & . \\ . & . & . & . & 1+\sigma_{n-1,n} \\ 0 & -\sigma_{2n} & .... & -1-\sigma_{n-1,n} & -c_n \end{bmatrix}$$

et

$$\sigma_{ij}(x,\hat{\theta}) = -\frac{\partial \alpha_{j-1}}{\partial \hat{\theta}}\Gamma w_k$$

La fonction de Lyapunov s'exprime par :

$$V_n = \frac{1}{2} Z^T Z + \frac{1}{2} \tilde{\theta}^T \Gamma^{-1} \tilde{\theta}$$

La condition de stabilité est sous forme :

$$\dot{V}_n = -\sum_{k=1}^{n} C_k Z_k^2$$

L'équilibre du système s'exprime par : $Z = 0,\ \lim_{t\to\infty} Z(t) = 0, \lim_{t\to\infty}[y(t) - y_r(t)] = 0$.

I.4 Conclusion

Dans ce chapitre, nous avons étudié deux approches de la commande adaptative et non adaptative en utilisant la technique backstepping. Dans le cas non adaptatif, il est considéré que tous les paramètres du système sont connus ce qui a permis d'avoir des résultats globalement acceptables. En réalité ces paramètres sont inconnus, alors la meilleure méthode a été d'introduire la notion d'adaptation et rendre la commande pratique au voisinage de la réalité, donc nos résultats expriment bien la différence entre les deux approches. La durée de temps de stabilité pour le cas non adaptatif est inférieure à celle de l'approche adaptative.

2ème Chapitre

COMMANDE ADAPTATIVE DES SYSTEMES NON LINEAIRES « BACKSTEPPING » AVEC OBSERVATEUR

II.1 Introduction

On va développer dans ce qui suit, l'étude d'un système non linéaire représenté par son équation d'état, et l'étude de la commande adaptative « backstepping » avec observateur.

Le problème d'observabilité a une importance pratique, car certaines variables internes sont quelques fois inaccessibles à la mesure ou « coûteuses » à mesurer. La plupart du temps, soit par impossibilité physique d'introduire un capteur, soit pour des questions de coût, on ne peut pas mesurer tous les états.**[2, 10]**

On va voir comment on peut, à partir de mesures faites sur l'entrée et la sortie du processus, reconstruire (on dit aussi observer), le vecteur d'état complet X, noté alors $\hat{X}$. Le sous-système, qui réalise cette reconstruction, est appelé reconstructeur ou observateur.

L'observateur a comme entrées les entrées et les sorties du processus réel et comme sortie la valeur estimée (reconstruite) de l'état de ce processus (figure II.1).

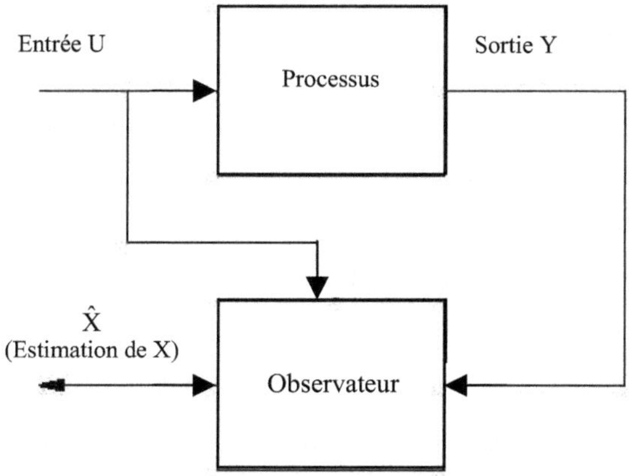

Figure II.1 : Schéma de principe de l'observateur

Le problème de l'observateur consiste donc à reconstruire, pour un processus donné, un système défini par ses équations d'état, dont la sortie donne une estimation de l'état réel du processus. Cette estimation comporte une erreur qui doit tendre vers zéro. Quand cette propriété est satisfaite, l'observateur est dit asymptotique.

II.2 Commande Adaptative avec observateur

Pour atteindre l'objectif fixé dans cette partie, on doit adopter un ensemble d'hypothèses afin d'introduire l'observateur. On va traiter deux exemples selon les étapes habituelles de la commande adaptative backstepping.

Le premier principe consiste à exposer deux schémas permettant d'éclaircir la différence entre la commande non adaptative avec observateur (figure II.2) et la commande adaptative avec observateur (figure II.3).

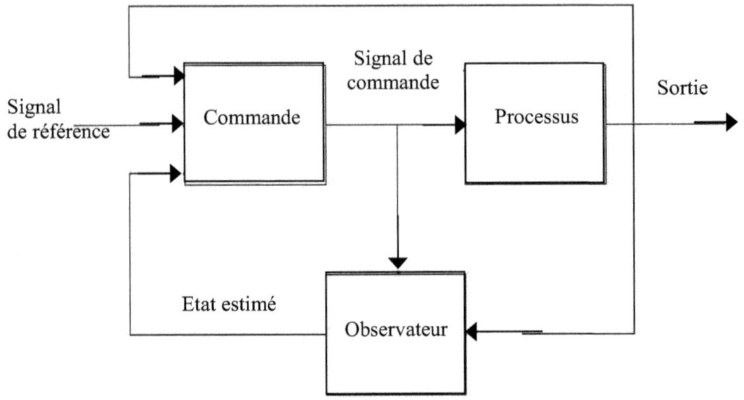

Figure II.2 : Schéma de principe de la commande non adaptative avec observateur

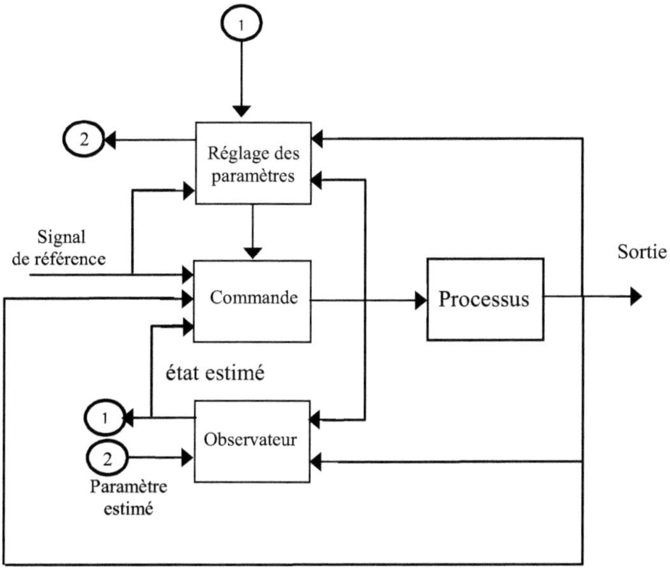

Figure II.3 : Schéma de principe de la commande adaptative avec observateur

Dans le but de faire la synthèse de la commande adaptative backstepping avec observateur, les hypothèses suivantes sont supposées réalisées :

1. La plupart des états ne sont pas disponibles ;
2. La fonction de sortie y=h(x) doit être définie ;
3. Les non-linéarités du système sont fonctions de grandeurs mesurables.

Ces conditions supplémentaires permettent au système de prendre la forme :

$$\begin{aligned}
\dot{x}_1 &= x_2 + \varphi_1(y)^T.\theta \\
\dot{x}_2 &= x_3 + \varphi_2(y)^T.\theta \\
&. \\
&. \\
&. \\
\dot{x}_{n-1} &= x_n + \varphi_{n-1}(y)^T.\theta \\
\dot{x}_n &= \beta(y).u + \varphi_n(y)^T.\theta \\
y &= x_1
\end{aligned} \qquad (II.1)$$

tel que chaque $\varphi_i : R \rightarrow R^P$ est un vecteur de fonctions non linéaires, et $\theta \in R^P$ est un vecteur de paramètres constants.

Dans le but de concevoir un observateur, le système (II.1) peut être représenté par la somme:

- d'une partie connue linéaire,
- d'une partie non linéaire inconnue,
- d'une fonction de commande.

$$\dot{x} = \underbrace{A.x}_{\text{Partie linéaire}} + \underbrace{\varphi^T(y).\theta}_{\text{Non linéarité inconnue}} + \underbrace{B.g(y).u}_{\text{Commande}} \quad \text{(II.2)}$$

où :

$$A = \begin{bmatrix} 0 & 1 & 0 & 0 & 0 & 0 \\ 0 & 0 & 1 & 0 & 0 & 0 \\ 0 & 0 & \ldots\ldots & \ldots\ldots\ldots & 0 & 0 \\ 0 & 0 & 0 & 0 & 1 & 0 \\ 0 & 0 & 0 & 0 & \ldots\ldots & 1 \\ 0 & 0 & 0 & 0 & 0 & 0 \end{bmatrix} ; \; \varphi(y) = \left[\varphi_1^T(y) \quad \varphi_2^T(y) \quad \ldots\ldots \quad \varphi_i^T(y) \quad \ldots\ldots \quad \varphi_n^T(y)\right];$$

$$B^T = [0 \quad 0 \quad \ldots \quad 0 \quad \ldots \quad 1];$$

$$x = [x_1 \quad x_2 \quad \ldots \quad x_i \quad \ldots \quad x_n]^T ; \; \theta = [\theta_1 \quad \theta_2 \quad \ldots \quad \theta_i \quad \ldots \quad \theta_p]^T$$

II.3 Développement théorique d'un exemple du deuxième ordre

Une fois l'observateur est défini, les étapes de la commande adaptative « backstepping » avec observateur suivent les états du système afin de compenser les erreurs et réaliser une stabilité asymptotique.

II.3.1 Système d'ordre deux

Pour illustrer la technique de cette méthode, on considère le système d'ordre deux suivant :

$$\begin{aligned} \dot{x}_1 &= x_2 + \varphi_1(y)^T.\theta \\ \dot{x}_2 &= \theta_u.u + \varphi_2(y)^T.\theta \\ y &= x_1 \end{aligned} \quad \text{(II.3)}$$

tel que chaque $\varphi_i^T(y) : R \rightarrow R^M$ est un vecteur de fonctions non linéaires, et $\theta \in R^M$ est un vecteur de paramètres constants inconnus. On peut écrire (II.3) sous la forme :

$$\dot{x} = A.x + \varphi^T(y).\theta + B.\theta_u.u \quad \text{(II.4)}$$

où :

$$A=\begin{bmatrix}0 & 1\\ 0 & 0\end{bmatrix};\ \varphi(y)=\begin{bmatrix}\varphi_1^T(y) & \varphi_2^T(y)\end{bmatrix};\ \theta=\begin{bmatrix}\theta_1 & \theta_2 & .... & \theta_i & ..... & \theta_M\end{bmatrix}^T;\ B^T=\begin{bmatrix}0 & 1\end{bmatrix};$$

II.3.2 Observateur

Si on note $\hat{x}$ le vecteur d'état estimé et ε l'erreur d'observation alors :

$$x=\hat{x}+\varepsilon \tag{II.5}$$

L'état de l'observateur $\hat{x}$ est défini par une composition de trois vecteurs :

- ζ : dépend de la partie linéaire connue,
- λ : dépend de la partie liée aux paramètres θ inconnus,
- ν : dépend de la partie liée aux paramètres θ_u inconnus.

L'observateur aura alors la structure suivante :

$$\hat{x}=\zeta(t)+\lambda(t).\theta+\upsilon(t).\theta_u \tag{II.6}$$

tel que :

$\zeta\in R^2$, $\lambda\in R^{2xM}$ et $\nu\in R^2$.

Les termes θ et θ_u, utilisés dans la relation (II.6), sont des paramètres réels inconnus et les filtres ζ, λ et ν sont implantés individuellement comme suit :

$$\dot{\zeta}(t)=A.\zeta-K.\zeta_1+K.y \tag{II.7}$$

$$\dot{\lambda}(t)=A.\lambda-K.\lambda_1+\varphi^T(y) \tag{II.8}$$

$$\dot{\upsilon}(t)=A.\upsilon-K.\upsilon_1+B.u \tag{II.9}$$

tel que $K=\begin{bmatrix}k_1\\ k_2\end{bmatrix}$

A partir des équations (II.5), (II.7) et (II.9), l'erreur dynamique de l'observateur prend la description suivante :

$$\begin{aligned}\dot{\varepsilon} &= \dot{x} - \dot{\hat{x}} \\ &= \dot{x} - \left(\dot{\zeta}(t) + \dot{\lambda}(t).\theta + \dot{\upsilon}(t).\theta_u\right) \\ &= \dot{x} - \left((A.\zeta - K.\zeta_1 + K.y) + \left(A.\lambda - K.\lambda_1 + \varphi^T(y)\right)\theta + \left(A.\upsilon - K.\upsilon_1 + B.u\right).\theta_u\right) \\ &= \dot{x} - \left(A.(\zeta + \lambda.\theta + \upsilon.\theta_u) + K.(y - (\zeta_1 + \lambda_1.\theta + \upsilon_1.\theta_u)) + \varphi^T(y).\theta + B.u.\theta_u\right)\end{aligned} \tag{II.10}$$

En utilisant l'équation (II.4), l'expression (II.10) devient :

$$\begin{aligned}\dot{\varepsilon} &= A.x - \left(A.(\zeta + \lambda.\theta + \upsilon.\theta_u) + K.(y - (\zeta_1 + \lambda_1.\theta + \upsilon_1.\theta_u))\right) \\ &= A.x - A.\hat{x} - K.(x_1 - \hat{x}_1) \\ &= A.\varepsilon - K.\varepsilon_1\end{aligned} \tag{II.11}$$

avec :

$$\varepsilon = \begin{bmatrix} \varepsilon_1 \\ \varepsilon_2 \end{bmatrix}$$

ce qui permet d'écrire l'équation (II.11) sous forme :

$$\dot{\varepsilon} = A_0.\varepsilon \tag{II.12}$$

tel que $A_0 = \begin{bmatrix} -k_1 & 1 \\ -k_2 & 0 \end{bmatrix}$, et K est choisi de telle sorte que A_0 soit de Hurwitz.

II.3.3 Transformation de coordonnées

Une fois la dynamique de l'erreur de l'observation, qui est exponentiellement stable, est définie, il sera possible d'utiliser la procédure du backstepping pour définir la loi de commande. La première étape pour la méthode du backstepping consiste toujours à définir le changement de variables :

$$\begin{aligned} z_1 &= y - y_r \\ z_2 &= \upsilon_2.\hat{\theta}_u - \dot{y}_r - \alpha_1 \end{aligned} \tag{II.13}$$

tel que α_1 est la commande virtuelle non définie jusqu'ici.

- **Etape 1**

Cette première étape consiste à identifier la commandes virtuelle α_1. Pour atteindre cet objectif, on utilise la fonction de Lyapunov qui garantit la stabilité et les performances du système.

On choisit :

$P \in R^{2x2}$, $P>0$ et $P^T=P$

tel que la condition suivante soit satisfaite :

$$P.A_0+A_0^T.P= -I \qquad (II.14)$$

La première fonction de Lyapunov est définie par :

$$V_1 = \frac{1}{2}z_1^2+\frac{1}{2.g}\tilde{\theta}^T.\tilde{\theta}+\frac{1}{2.g_u}\tilde{\theta}_u^2+\frac{1}{d_1}\varepsilon^T.P.\varepsilon \qquad (II.15)$$

Sa dérivée s'écrit alors :

$$\dot{V}_1 = z_1.\dot{z}_1-\frac{1}{g}.\tilde{\theta}^T.\dot{\hat{\theta}}-\frac{1}{g_u}.\tilde{\theta}_u.\dot{\hat{\theta}}_u-\frac{1}{d_1}\varepsilon^T.\varepsilon \qquad (II.16)$$

D'après les équations (II.5) et (II.13), on peut déduire :

$$\dot{y} = \dot{x}_1 = x_2+\varphi_1(y)^T.\theta = \hat{x}_2+\varepsilon_2+\varphi_1(y)^T.\theta \qquad (II.17)$$

ce qui permet d'obtenir :

$$\begin{aligned}\dot{z}_1 &= \hat{x}_2+\varepsilon_2+\varphi_1(y)^T.\theta-\dot{y}_r \\ &= z_2+\alpha_1+\zeta_2+\left(\lambda_2+\varphi_1^T\right)\hat{\theta}+\left(\lambda_2+\varphi_1^T\right)\tilde{\theta}+\upsilon_2.\tilde{\theta}_u+\varepsilon_2\end{aligned} \qquad (II.18)$$

Pour choisir la commande virtuelle et ajouter un terme de stabilisation, il faut annuler tous les termes connus sauf le terme z_2 et isoler les erreurs d'observateur inconnues, d'où :

$$\alpha_1 = -c_1z_1-\left\{\zeta_2+\left(\lambda_2+\varphi_1^T\right)\hat{\theta}\right\}-d_1z_1 \qquad (II.19)$$

alors :

$$\dot{z}_1 = z_2 - c_1 z_1 - d_1 z_1 + \left(\lambda_2 + \varphi_1^{\,T}\right)\widetilde{\theta} + \upsilon_2 . \widetilde{\theta}_u + \varepsilon_2 \tag{II.20}$$

et la fonction dérivée de Lyapunov aura la forme :

$$\begin{aligned}
\dot{V}_1 &= z_1 .\left(z_2 - c_1 z_1 - d_1 z_1 + \left(\lambda_2 + \varphi_1^{\,T}\right)\widetilde{\theta} + \upsilon_2 . \widetilde{\theta}_u + \varepsilon_2\right) + \widetilde{\theta}^T\left(-\frac{1}{g}\dot{\hat{\theta}}\right) + \widetilde{\theta}_u\left(-\frac{1}{g_u}\dot{\hat{\theta}}_u\right) - \frac{1}{d_1}\varepsilon^T . \varepsilon \\
&= -c_1 z_1^2 - d_1 .\left(z_1 - \frac{\varepsilon_2}{2.d_1}\right)^2 + \frac{\varepsilon_2^2}{4.d_1} - \frac{1}{d_1}\varepsilon^T . \varepsilon + z_1 . z_2 \\
&\quad + \widetilde{\theta}^T\left(z_1 .\left(\lambda_2 + \varphi_1^{\,T}\right)^T - \frac{1}{g}\dot{\hat{\theta}}\right) + \widetilde{\theta}_u\left(z_1 . \upsilon_2 - \frac{1}{g_u}\dot{\hat{\theta}}_u\right)
\end{aligned}$$

avec :

$$\varepsilon^T . \varepsilon = \left[\varepsilon_1 \quad \varepsilon_2\right]\begin{bmatrix}\varepsilon_1 \\ \varepsilon_2\end{bmatrix} = \varepsilon_1^2 + \varepsilon_2^2$$

ceci permet de réécrire l'équation précédente sous forme :

$$\begin{aligned}
\dot{V}_1 &= -c_1 z_1^2 - d_1 .\left(z_1 - \frac{\varepsilon_2}{2.d_1}\right)^2 - \frac{3.\varepsilon_2^2}{4.d_1} - \frac{\varepsilon_1^2}{d_1} + z_1 . z_2 + \widetilde{\theta}^T\left(z_1 .\left(\lambda_2 + \varphi^T\right)^T - \frac{1}{g}\dot{\hat{\theta}}\right) + \widetilde{\theta}_u\left(z_1 . \upsilon_2 - \frac{1}{g_u}\dot{\hat{\theta}}_u\right) \\
&\le -c_1 z_1^2 - d_1 .\left(z_1 - \frac{\varepsilon_2}{2.d_1}\right)^2 - \frac{3.\varepsilon_2^2}{4.d_1} - \frac{3.\varepsilon_1^2}{4.d_1} + z_1 . z_2 + \widetilde{\theta}^T\left(z_1 .\left(\lambda_2 + \varphi^T\right)^T - \frac{1}{g}\dot{\hat{\theta}}\right) + \widetilde{\theta}_u\left(z_1 . \upsilon_2 - \frac{1}{g_u}\dot{\hat{\theta}}_u\right) \\
&\le -c_1 z_1^2 - \frac{3}{4.d_1}\varepsilon^T . \varepsilon + z_1 . z_2 + \widetilde{\theta}^T\left(z_1 .\left(\lambda_2 + \varphi^T\right)^T - \frac{1}{g}\dot{\hat{\theta}}\right) + \widetilde{\theta}_u\left(z_1 . \upsilon_2 - \frac{1}{g_u}\dot{\hat{\theta}}_u\right)
\end{aligned} \tag{II.21}$$

En adoptant les définitions suivantes :

$$\begin{aligned}
\tau_1 &= z_1 .\left(\lambda_2 + \varphi^T\right)^T \\
\tau_{u,1} &= z_1 . \upsilon_2
\end{aligned} \tag{II.22}$$

l'expression (II.21) s'écrit alors :

$$\dot{V}_1 \le -c_1 z_1^2 - \frac{3}{4.d_1}\varepsilon^T . \varepsilon + z_1 . z_2 + \widetilde{\theta}^T\left(\tau_1 - \frac{1}{g}\dot{\hat{\theta}}\right) + \widetilde{\theta}_u\left(\tau_{u,1} - \frac{1}{g_u}\dot{\hat{\theta}}_u\right) \tag{II.23}$$

- **Etape 2**

Dans cette étape, la fonction de Lyapunov va être augmentée par le terme z_2 et l'erreur d'observation, ce qui permet d'écrire :

$$V_2 = V_1 + \frac{1}{2} z_2^2 + \frac{1}{d_2} \varepsilon^T . P . \varepsilon \tag{II.24}$$

et déduire sa dérivée suivante :

$$\dot{V}_2 = \dot{V}_1 + z_2 . \dot{z}_2 - \frac{1}{d_2} \varepsilon^T . \varepsilon \tag{II.25}$$

D'après l'équation (II.22), on obtient :

$$\begin{aligned} \dot{V}_2 &\leq -c_1 z_1^2 - \frac{3}{4.d_1} \varepsilon^T . \varepsilon + z_1 . z_2 + \tilde{\theta}^T \left(\tau_1 - \frac{1}{g} \dot{\hat{\theta}} \right) + \tilde{\theta}_u \left(\tau_{u,1} - \frac{1}{g_u} \dot{\hat{\theta}}_u \right) + z_2 . \dot{z}_2 - \frac{1}{d_2} \varepsilon^T . \varepsilon \\ &\leq -c_1 z_1^2 - \frac{3}{4.d_1} \varepsilon^T . \varepsilon + z_2 . (z_1 + \dot{z}_2) - \frac{1}{d_2} \varepsilon^T . \varepsilon + \tilde{\theta}^T \left(\tau_1 - \frac{1}{g} \dot{\hat{\theta}} \right) + \tilde{\theta}_u \left(\tau_{u,1} - \frac{1}{g_u} \dot{\hat{\theta}}_u \right) \end{aligned} \tag{II.26}$$

A partir des expressions (II.9) et (II.13), le terme $(z_1 + \dot{z}_2)$ aura le développement suivant :

$$\begin{aligned} (z_1 + \dot{z}_2) &= z_1 + \frac{d(\upsilon_2 . \hat{\theta}_u - \dot{y}_r - \alpha_1)}{dt} \\ &= z_1 + (-k_2 . \upsilon_1 + u) . \hat{\theta}_u + \upsilon_2 . \dot{\hat{\theta}}_u - \ddot{y}_r - \frac{\partial \alpha_1}{\partial y} \dot{y} \\ &\quad - \sum_{i=1}^{3} \left(\frac{\partial \alpha_1}{\partial \zeta_i} \dot{\zeta}_i + \frac{\partial \alpha_1}{\partial \lambda_i} \dot{\lambda}_i + \frac{\partial \alpha_1}{\partial \upsilon_i} \dot{\upsilon}_i \right) - \frac{\partial \alpha_1}{\partial y_r} \dot{y}_r - \frac{\partial \alpha_1}{\partial \hat{\theta}} \dot{\hat{\theta}} - \frac{\partial \alpha_1}{\partial \hat{\theta}_u} \dot{\hat{\theta}}_u \end{aligned} \tag{II.27}$$

avec :

$$\dot{\alpha}_1 = \frac{\partial \alpha_1}{\partial y} \dot{y} + \sum_{i=1}^{3} \left(\frac{\partial \alpha_1}{\partial \zeta_i} \dot{\zeta}_i + \frac{\partial \alpha_1}{\partial \lambda_i} \dot{\lambda}_i + \frac{\partial \alpha_1}{\partial \upsilon_i} \dot{\upsilon}_i \right) + \frac{\partial \alpha_1}{\partial y_r} \dot{y}_r + \frac{\partial \alpha_1}{\partial \hat{\theta}} \dot{\hat{\theta}} + \frac{\partial \alpha_1}{\partial \hat{\theta}_u} \dot{\hat{\theta}}_u \tag{II.28}$$

D'après l'expression (II.19), α_1 est une fonction seulement de y , ζ_2 , y_r , λ_2 et $\hat{\theta}$. Donc, sa dérivée s'écrit :

$$\dot{\alpha}_1 = \frac{\partial \alpha_1}{\partial y} \dot{y} + \frac{\partial \alpha_1}{\partial \zeta_2} \dot{\zeta}_2 + \frac{\partial \alpha_1}{\partial \lambda_2} \dot{\lambda}_2 + \frac{\partial \alpha_1}{\partial y_r} \dot{y}_r + \frac{\partial \alpha_1}{\partial \hat{\theta}} \dot{\hat{\theta}}$$

et l'expression (II.27) devient alors :

$$\begin{aligned}(z_1+\dot{z}_2) &= z_1+(-k_2.\upsilon_1+u).\hat{\theta}_u+\upsilon_2.\dot{\hat{\theta}}_u-\ddot{y}_r-\frac{\partial\alpha_1}{\partial y}\dot{y}-\frac{\partial\alpha_1}{\partial\zeta_2}\dot{\zeta}_2-\frac{\partial\alpha_1}{\partial\lambda_2}\dot{\lambda}_2-\frac{\partial\alpha_1}{\partial y_r}\dot{y}_r-\frac{\partial\alpha_1}{\partial\hat{\theta}}\dot{\hat{\theta}} \\ &= u.\hat{\theta}_u+z_1-k_2.\upsilon_1\hat{\theta}_u+\upsilon_2.\dot{\hat{\theta}}_u-\ddot{y}_r-\frac{\partial\alpha_1}{\partial y}\dot{y}-\frac{\partial\alpha_1}{\partial\zeta_2}\dot{\zeta}_2-\frac{\partial\alpha_1}{\partial\lambda_2}\dot{\lambda}_2-\frac{\partial\alpha_1}{\partial y_r}\dot{y}_r-\frac{\partial\alpha_1}{\partial\hat{\theta}}\dot{\hat{\theta}}\end{aligned} \quad \text{(II.29)}$$

On remplace $\dot{y}$ par son expression (II.17) et on aura :

$$\begin{aligned}(z_1+\dot{z}_2) &= u.\hat{\theta}_u+z_1-k_2.\upsilon_1\hat{\theta}_u+\upsilon_2.\dot{\hat{\theta}}_u-\ddot{y}_r-\frac{\partial\alpha_1}{\partial y}\left(\zeta_2+\lambda_2\hat{\theta}+\lambda_2\tilde{\theta}+\upsilon_2.\hat{\theta}_u+\upsilon_2.\tilde{\theta}_u+\varepsilon_2+\varphi_1{}^T\hat{\theta}+\varphi_1{}^T\tilde{\theta}\right) \\ &\quad -\frac{\partial\alpha_1}{\partial\zeta_2}\dot{\zeta}_2-\frac{\partial\alpha_1}{\partial\lambda_2}\dot{\lambda}_2-\frac{\partial\alpha_1}{\partial y_r}\dot{y}_r-\frac{\partial\alpha_1}{\partial\hat{\theta}}\dot{\hat{\theta}}\end{aligned}$$

(II.30)

tel que ζ_2 et λ_2 sont des filtres entièrement définis.

Afin de choisir la commande virtuelle et ajouter un terme de stabilisation, il faut annuler tous les termes connus sauf le terme z_2 et isoler les erreurs d'observateur inconnues.

On note $\alpha_2 = u.\hat{\theta}_u$ et on choisit α_2 de la façon suivante :

$$\begin{aligned}\alpha_2 &= -c_2z_2-\left\{z_1-k_2.\upsilon_1\hat{\theta}_u-\ddot{y}-\frac{\partial\alpha_1}{\partial y_r}\dot{y}_r-\frac{\partial\alpha_1}{\partial y}\left(\zeta_2+(\lambda_2+\varphi_1{}^T)\hat{\theta}+\upsilon_2\hat{\theta}_u\right)\right. \\ &\quad \left.-\frac{\partial\alpha_1}{\partial\zeta_2}\dot{\zeta}_2-\frac{\partial\alpha_1}{\partial\lambda_2}\dot{\lambda}_2-\frac{\partial\alpha_1}{\partial\hat{\theta}}g\tau_2+\upsilon_2 g_u\tau_{u,2}\right\}-d_2z_2\left(-\frac{\partial\alpha_1}{\partial y}\right)^2\end{aligned} \quad \text{(II.31)}$$

avec τ_2 et $\tau_{u,2}$ qui vont être convenablement définies,

L'expression (II.30) aura la forme :

$$(z_1+\dot{z}_2) = -c_2z_2+\upsilon_2.\dot{\hat{\theta}}_u-\frac{\partial\alpha_1}{\partial y}\left(\lambda_2\tilde{\theta}+\upsilon_2.\tilde{\theta}_u+\varepsilon_2+\varphi_1{}^T\tilde{\theta}\right)-\frac{\partial\alpha_1}{\partial\hat{\theta}}\dot{\hat{\theta}}+\frac{\partial\alpha_1}{\partial\hat{\theta}}g\tau_2-\upsilon_2 g_u\tau_{u,2}-d_2z_2\left(-\frac{\partial\alpha_1}{\partial y}\right)^2$$

(II.32)

La fonction de Lyapunov dérivée aura l'expression :

$$\dot{V}_2 \leq -c_1 z_1^2 - \frac{3}{4.d_1}\varepsilon^T.\varepsilon$$
$$+z_2\left\{-c_2 z_2 + \upsilon_2.\dot{\hat{\theta}}_u - \frac{\partial \alpha_1}{\partial y}\left(\lambda_2\widetilde{\theta} + \upsilon_2.\widetilde{\theta}_u + \varepsilon_2 + \varphi_1^T\widetilde{\theta}\right) - \frac{\partial \alpha_1}{\partial \hat{\theta}}\dot{\hat{\theta}} + \frac{\partial \alpha_1}{\partial \hat{\theta}} g\tau_2 - \upsilon_2 g_u \tau_{u,2} - d_2 z_2\left(-\frac{\partial \alpha_1}{\partial y}\right)^2\right\}$$
$$-\frac{1}{d_2}\varepsilon^T.\varepsilon + \widetilde{\theta}^T\left(\tau_1 - \frac{1}{g}\dot{\hat{\theta}}\right) + \widetilde{\theta}_u\left(\tau_{u,1} - \frac{1}{g_u}\dot{\hat{\theta}}_u\right)$$
$$\leq -c_1 z_1^2 - c_2 z_2^2 - \frac{3}{4.d_1}\varepsilon^T.\varepsilon - d_2 z_2^2\left(-\frac{\partial \alpha_1}{\partial y}\right)^2 + z_2\left(-\frac{\partial \alpha_1}{\partial y}\right)\varepsilon_2 - \frac{1}{d_2}\varepsilon^T.\varepsilon + z_2\frac{\partial \alpha_1}{\partial \hat{\theta}} g\left(\tau_2 - \frac{1}{g}\dot{\hat{\theta}}\right)$$
$$+\widetilde{\theta}^T\left(z_2\left(-\frac{\partial \alpha_1}{\partial y}\right)\left(\lambda_2 + \varphi_1^T\right)^T + \tau_1 - \frac{1}{g}\dot{\hat{\theta}}\right) - z_2\upsilon_2 g_u\left(\tau_{u,2} - \frac{1}{g_u}\dot{\hat{\theta}}_u\right) + \widetilde{\theta}_u\left(z_2\left(-\frac{\partial \alpha_1}{\partial y}\right)\upsilon_2 + \tau_{u,1} - \frac{1}{g_u}\dot{\hat{\theta}}_u\right)$$

(II.33)

Pour s'assurer que les deux termes $z_2.\frac{\partial \alpha_1}{\partial \hat{\theta}}$ et $\widetilde{\theta}$ s'annulent aussi bien que les termes $z_2.\upsilon_2.g_u$ et $\widetilde{\theta}_u$, on définit les fonctions :

$$\tau_2 = z_2\left(-\frac{\partial \alpha_1}{\partial y}\right)\left(\lambda_2 + \varphi_1^T\right)^T + \tau_1$$
$$\tau_{u,2} = z_2\left(-\frac{\partial \alpha_1}{\partial y}\right)\upsilon_2 + \tau_{u,1} \qquad \text{(II.34)}$$

ce qui permet d'avoir l'expression dérivée de Lyapunov :

$$\dot{V}_2 \leq -c_1 z_1^2 - c_2 z_2^2 - \frac{3}{4.d_1}\varepsilon^T.\varepsilon - \frac{3}{4.d_2}\varepsilon^T.\varepsilon$$
$$+z_2\frac{\partial \alpha_1}{\partial \hat{\theta}} g\left(\tau_2 - \frac{1}{g}\dot{\hat{\theta}}\right) + \widetilde{\theta}^T\left(\tau_2 - \frac{1}{g}\dot{\hat{\theta}}\right) - z_2\upsilon_2 g_u\left(\tau_{u,2} - \frac{1}{g_u}\dot{\hat{\theta}}_u\right) + \widetilde{\theta}_u\left(\tau_{u,2} - \frac{1}{g_u}\dot{\hat{\theta}}_u\right)$$

(II.35)

- **Etape 3**

Dans cette dernière étape, on peut déduire la loi de commande et les lois de mise à jours :

$$u = \frac{1}{\hat{\theta}_u}\left[- c_2 z_2 - \left\{ z_1 - k_2 \, . \, \upsilon_1 \hat{\theta}_u - \ddot{y} - \frac{\partial \alpha_1}{\partial y_r}\dot{y}_r - \frac{\partial \alpha_1}{\partial y}\left(\zeta_2 + \left(\lambda_2 + \varphi_1^{\ T}\right)\hat{\theta} + \upsilon_2 \hat{\theta}_u\right) \right.\right.$$
$$\left.\left. - \frac{\partial \alpha_1}{\partial \zeta_2}\dot{\zeta}_2 - \frac{\partial \alpha_1}{\partial \lambda_2}\dot{\lambda}_2 - \frac{\partial \alpha_1}{\partial \hat{\theta}} g\tau_2 + \upsilon_2 g_u \tau_{u,2} \right\} - d_2 z_2 \left(- \frac{\partial \alpha_1}{\partial y}\right)^2 \right] \tag{II.36}$$

$$\begin{aligned} \dot{\hat{\theta}} &= g\tau_2 = g.\left(z_2\left(- \frac{\partial \alpha_1}{\partial y}\right) + z_1 \right)\left(\lambda_2 + \varphi_1^{\ T}\right)^T \\ \dot{\hat{\theta}}_u &= g_u \tau_{u,2} = g_u . \left(z_2\left(- \frac{\partial \alpha_1}{\partial y}\right) + z_1 \right)\upsilon_2 \end{aligned} \tag{II.37}$$

Donc, la dernière fonction dérivée de Lyapunov est :

$$\dot{V}_2 \leq -\sum_{j=1}^{2} c_j z_j^2 - \sum_{i=1}^{2} \frac{3}{4.d_i}\varepsilon^T.\varepsilon \tag{II.38}$$

En se basant sur la fonction de Lyapunov $V = V_2$, on a pu démontrer que $\dot{V} < 0$, $\forall (z,\varepsilon) \neq 0$, ce qui implique une stabilité asymptotique du système (II.4) et l'observateur (II.6).

II.4 Développement théorique d'un exemple de troisième ordre

II.4.1 Système d'ordre trois

Soit le système d'ordre trois suivant :

$$\begin{aligned} \dot{x}_1 &= x_2 + \varphi_1(y)^T.\theta \\ \dot{x}_2 &= x_3 + \varphi_2(y)^T.\theta \\ \dot{x}_3 &= \theta_u . u + \varphi_3(y)^T.\theta \\ y &= x_1 \end{aligned} \tag{II.39}$$

Alors le système peut être donné par la forme :

$$\dot{x} = A.x + \varphi^T(y).\theta + B.\theta_u.u \tag{II.40}$$

où :

$$A = \begin{bmatrix} 0 & 1 & 0 \\ 0 & 0 & 1 \\ 0 & 0 & 0 \end{bmatrix} ;\ \varphi(y) = \begin{bmatrix} \varphi_1^T(y) & \varphi_2^T(y) & \varphi_3^T(y) \end{bmatrix} ;\ B^T = \begin{bmatrix} 0 & 0 & 1 \end{bmatrix}$$

II.4.2 Observateur

On utilise toujours la même structure de base pour l'observateur :

$$\hat{x} = \zeta(t) + \lambda(t).\theta + \upsilon(t).\theta_u \tag{II.41}$$

tel que :

$\zeta \in R^3$, $\lambda \in R^{3xM}$ et $\nu \in R^3$.

Les expressions des filtres ζ , λ et ν sont illustrés de la même manière comme suit :

$$\dot{\zeta}(t) = A.\zeta - K.\zeta_1 + K.y \tag{II. 42}$$

$$\dot{\lambda} = A.\lambda - K.\lambda_1 + \varphi^T(y) \tag{II.43}$$

$$\dot{\upsilon} = A.\upsilon - K.\upsilon_1 + B.u \tag{II.44}$$

tel que :

$K^T = \begin{bmatrix} k_1 & k_2 & k_3 \end{bmatrix}$

En tenant compte des équations (II.42), (II.43) et (II.44), l'erreur dynamique de l'observateur peut s'écrire :

$$\begin{aligned} \dot{\varepsilon} &= \dot{x} - \dot{\hat{x}} \\ &= \dot{x} - \left(A.(\zeta + \lambda.\theta + \upsilon.\theta_u) + K.(y - (\zeta_1 + \lambda_1.\theta + \upsilon_1.\theta_u)) + \varphi^T(y).\theta + B.u.\theta_u\right) \end{aligned} \tag{II.45}$$

De l'équation (II.40), on peut déduire :

$$\begin{aligned}\dot{\varepsilon} &= A.x-(A.(\zeta+\lambda.\theta+\upsilon.\theta_u)+K.(y-(\zeta_1+\lambda_1.\theta+\upsilon_1.\theta_u)))\\ &= A.x-A.\hat{x}-K.(x_1-\hat{x}_1)\\ &= A.\varepsilon-K.\varepsilon_1\end{aligned} \quad (II.46)$$

avec :

$$\varepsilon^T = [\varepsilon_1 \quad \varepsilon_2 \quad \varepsilon_3]$$

On aboutit à :

$$\dot{\varepsilon} = A_0.\varepsilon \quad (II.47)$$

tel que $A_0=\begin{bmatrix}-k_1 & 1 & 0\\ -k_2 & 0 & 1\\ -k_3 & 0 & 0\end{bmatrix}$, et K est choisi de tel sorte que A_0 soit Hurwitz.

II.4.3 Transformation de coordonnées

Soit le changement de variables suivant :

$$\begin{aligned}z_1 &= y-y_r\\ z_2 &= \upsilon_2.\hat{\theta}_u-\dot{y}_r-\alpha_1\\ z_3 &= \upsilon_3.\hat{\theta}_u-\ddot{y}_r-\alpha_2\end{aligned} \quad (II.48)$$

tel que α_1 et α_2 deux commandes virtuelles non définies jusqu'ici.

- **Etape 1**

Sachant que cette première étape consiste à identifier les virtuelles commandes, on choisit $P\in R^{3x3}$, P>0 et P^T=P.

avec :

$$P.A_0+A_0^T.P= -I \tag{II.49}$$

La première fonction de Lyapunov est définie par :

$$V_1 = \frac{1}{2}z_1^2+\frac{1}{2.g}\tilde{\theta}^T.\tilde{\theta}+\frac{1}{2.g_u}\tilde{\theta}_u^2+\frac{1}{d_1}\varepsilon^T.P.\varepsilon \tag{II.50}$$

sa dérivée s'écrit :

$$\dot{V}_1 = z_1.\dot{z}_1-\frac{1}{g_1}.\tilde{\theta}^T.\dot{\hat{\theta}}-\frac{1}{g_u}.\tilde{\theta}_u.\dot{\hat{\theta}}_u-\frac{1}{d_1}\varepsilon^T.\varepsilon \tag{II.51}$$

A partir des équations (II.39) et (II.45), on trouve :

$$\dot{y} = \dot{x}_1 = x_2+\varphi_1(y)^T.\theta = \hat{x}_2+\varepsilon_2+\varphi_1(y)^T.\theta \tag{II.52}$$

alors :

$$\begin{aligned}\dot{z}_1 &= \hat{x}_2+\varepsilon_2+\varphi_1(y)^T.\theta-\dot{y}_r\\ &= z_2+\alpha_1+\zeta_2+\left(\lambda_2+\varphi_1{}^T\right)\hat{\theta}+\left(\lambda_2+\varphi_1{}^T\right)\tilde{\theta}+\upsilon_2.\tilde{\theta}_u+\varepsilon_2\end{aligned} \tag{II.53}$$

La commande virtuelle peut être choisie telle que :

$$\alpha_1 = -c_1z_1-\left\{\zeta_2+\left(\lambda_2+\varphi_1{}^T\right)\hat{\theta}\right\}-d_1z_1 \tag{II.54}$$

alors :

$$\dot{z}_1 = z_2-c_1z_1-d_1z_1+\left(\lambda_2+\varphi_1{}^T\right)\tilde{\theta}+\upsilon_2.\tilde{\theta}_u+\varepsilon_2 \tag{II.55}$$

La fonction dérivée de Lyapunov aura la forme :

$$\begin{aligned}\dot{V}_1 &= z_1.\left(z_2-c_1z_1-d_1z_1+\left(\lambda_2+\varphi_1{}^T\right)\tilde{\theta}+\upsilon_2.\tilde{\theta}_u+\varepsilon_2\right)+\tilde{\theta}^T\left(-\frac{1}{g}\dot{\hat{\theta}}\right)+\tilde{\theta}_u\left(-\frac{1}{g_u}\dot{\hat{\theta}}_u\right)-\frac{1}{d_1}\varepsilon^T.\varepsilon\\ &= -c_1z_1^2-d_1.\left(z_1-\frac{\varepsilon_2}{2.d_1}\right)^2+\frac{\varepsilon_2^2}{4.d_1}-\frac{1}{d_1}\varepsilon^T.\varepsilon+z_1.z_2\\ &\quad+\tilde{\theta}^T\left(z_1.\left(\lambda_2+\varphi_1{}^T\right)^T-\frac{1}{g}\dot{\hat{\theta}}\right)+\tilde{\theta}_u\left(z_1.\upsilon_2-\frac{1}{g_u}\dot{\hat{\theta}}_u\right)\end{aligned} \tag{II.56}$$

Sachant que :

$$\varepsilon^T.\varepsilon = \varepsilon_1^2 + \varepsilon_2^2 + \varepsilon_3^2$$

alors :

$$\begin{aligned}
\dot{V}_1 &= -c_1 z_1^2 - d_1.\left(z_1 - \frac{\varepsilon_2}{2.d_1}\right)^2 - \frac{3.\varepsilon_2^2}{4.d_1} - \frac{\varepsilon_1^2}{d_1} - \frac{\varepsilon_3^2}{d_1} + z_1.z_2 + \widetilde{\theta}^T\left(z_1.\left(\lambda_2 + \varphi_1{}^T\right)^T - \frac{1}{g}\dot{\hat{\theta}}\right) + \widetilde{\theta}_u\left(z_1.\upsilon_2 - \frac{1}{g_u}\dot{\hat{\theta}}_u\right) \\
&\leq -c_1 z_1^2 - d_1.\left(z_1 - \frac{\varepsilon_2}{2.d_1}\right)^2 - \frac{3.\varepsilon_2^2}{4.d_1} - \frac{3.\varepsilon_1^2}{4.d_1} - \frac{3.\varepsilon_3^2}{4.d_1} + z_1.z_2 + \widetilde{\theta}^T\left(z_1.\left(\lambda_2 + \varphi_1{}^T\right)^T - \frac{1}{g}\dot{\hat{\theta}}\right) + \widetilde{\theta}_u\left(z_1.\upsilon_2 - \frac{1}{g_u}\dot{\hat{\theta}}_u\right) \\
&\leq -c_1 z_1^2 - \frac{3}{4.d_1}\varepsilon^T.\varepsilon + z_1.z_2 + \widetilde{\theta}^T\left(z_1.\left(\lambda_2 + \varphi_1{}^T\right)^T - \frac{1}{g}\dot{\hat{\theta}}\right) + \widetilde{\theta}_u\left(z_1.\upsilon_2 - \frac{1}{g_u}\dot{\hat{\theta}}_u\right)
\end{aligned} \tag{II.57}$$

Définissons :

$$\begin{aligned}
\tau_1 &= z_1.\left(\lambda_2 + \varphi_1{}^T\right)^T \\
\tau_{u,1} &= z_1.\upsilon_2
\end{aligned} \tag{II.58}$$

D'où l'expression :

$$\dot{V}_1 \leq -c_1 z_1^2 - \frac{3}{4.d_1}\varepsilon^T.\varepsilon + z_1.z_2 + \widetilde{\theta}^T\left(\tau_1 - \frac{1}{g}\dot{\hat{\theta}}\right) + \widetilde{\theta}_u\left(\tau_{u,1} - \frac{1}{g_u}\dot{\hat{\theta}}_u\right) \tag{II.59}$$

- **Etape 2**

Dans cette étape, la fonction de Lyapunov aura l'expression :

$$V_2 = V_1 + \frac{1}{2}z_2^2 + \frac{1}{d_2}\varepsilon^T.P.\varepsilon \tag{II.60}$$

La fonction dérivée de Lyapunov aura la forme :

$$\dot{V}_2 = \dot{V}_1 + z_2.\dot{z}_2 - \frac{1}{d_2}\varepsilon^T.\varepsilon \tag{II.61}$$

D'après (II.59) on peut déduire :

$$\begin{aligned}\dot{V}_2 &\le -c_1 z_1^2 - \frac{3}{4.d_1}\varepsilon^T.\varepsilon + z_1.z_2 + \tilde{\theta}^T\left(\tau_1 - \frac{1}{g}\dot{\hat{\theta}}\right) + \tilde{\theta}_u\left(\tau_{u,1} - \frac{1}{g_u}\dot{\hat{\theta}}_u\right) + z_2.\dot{z}_2 - \frac{1}{d_2}\varepsilon^T.\varepsilon \\ &\le -c_1 z_1^2 - \frac{3}{4.d_1}\varepsilon^T.\varepsilon + z_2.(z_1 + \dot{z}_2) - \frac{1}{d_2}\varepsilon^T.\varepsilon + \tilde{\theta}^T\left(\tau_1 - \frac{1}{g}\dot{\hat{\theta}}\right) + \tilde{\theta}_u\left(\tau_{u,1} - \frac{1}{g_u}\dot{\hat{\theta}}_u\right)\end{aligned} \tag{II.62}$$

De l'expression (II.48), on peut développer le terme $(z_1 + \dot{z}_2)$:

$$\begin{aligned}(z_1 + \dot{z}_2) &= z_1 + (-k_2.\upsilon_1 + \upsilon_3).\hat{\theta}_u + \upsilon_2.\dot{\hat{\theta}}_u - \ddot{y}_r - \frac{\partial \alpha_1}{\partial y}\dot{y} \\ &\quad - \sum_{i=1}^{3}\left(\frac{\partial \alpha_1}{\partial \zeta_i}\dot{\zeta}_i + \frac{\partial \alpha_1}{\partial \lambda_i}\dot{\lambda}_i + \frac{\partial \alpha_1}{\partial \upsilon_i}\dot{\upsilon}_i\right) - \frac{\partial \alpha_1}{\partial y_r}\dot{y}_r - \frac{\partial \alpha_1}{\partial \hat{\theta}}\dot{\hat{\theta}} - \frac{\partial \alpha_1}{\partial \hat{\theta}_u}\dot{\hat{\theta}}_u\end{aligned} \tag{II.63}$$

En se rappelant qu'à partir de l'expression (II.54) α_1 est une fonction de y , y_r , ζ_2 , λ_2 , et $\hat{\theta}$, ce qui permet d'écrire l'expression (II.63) sous forme :

$$\begin{aligned}(z_1 + \dot{z}_2) &= \left(\upsilon_3\hat{\theta}_u - \ddot{y}_r - \alpha_2\right) + \alpha_2 + z_1 - k_2.\upsilon_1\hat{\theta}_u + \upsilon_2.\dot{\hat{\theta}}_u - \frac{\partial\alpha_1}{\partial y}\dot{y} \\ &\quad - \frac{\partial\alpha_1}{\partial\zeta_2}\dot{\zeta}_2 - \frac{\partial\alpha_1}{\partial\lambda_2}\dot{\lambda}_2 - \frac{\partial\alpha_1}{\partial y_r}\dot{y}_r - \frac{\partial\alpha_1}{\partial\hat{\theta}}\dot{\hat{\theta}} \\ &= z_3 + \alpha_2 + z_1 - k_2.\upsilon_1\hat{\theta}_u + \upsilon_2.\dot{\hat{\theta}}_u \\ &\quad - \frac{\partial\alpha_1}{\partial y}\left(\zeta_2 + \lambda_2\hat{\theta} + \lambda_2\tilde{\theta} + \upsilon_2.\hat{\theta}_u + \upsilon_2.\tilde{\theta}_u + \varepsilon_2 + \varphi_1^T\hat{\theta} + \varphi_1^T\tilde{\theta}\right) \\ &\quad - \frac{\partial\alpha_1}{\partial\zeta_2}\dot{\zeta}_2 - \frac{\partial\alpha_1}{\partial\lambda_2}\dot{\lambda}_2 - \frac{\partial\alpha_1}{\partial y_r}\dot{y}_r - \frac{\partial\alpha_1}{\partial\hat{\theta}}\dot{\hat{\theta}}\end{aligned} \tag{II.64}$$

tel que ζ_2 et λ_2 sont des filtres entièrement définis.

Pour choisir la commande virtuelle et ajouter un terme de stabilisation, il faut annuler tous les termes connus sauf le terme z_3 et isoler les erreurs d'observation inconnues, d'où :

$$\begin{aligned}\alpha_2 &= -c_2 z_2 - \left\{z_1 - k_2.\upsilon_1\hat{\theta}_u - \frac{\partial\alpha_1}{\partial y}\left(\zeta_2 + \left(\lambda_2 + \varphi_1^T\right)\hat{\theta} + \upsilon_2\hat{\theta}_u\right)\right. \\ &\quad \left. - \frac{\partial\alpha_1}{\partial\zeta_2}\dot{\zeta}_2 - \frac{\partial\alpha_1}{\partial\lambda_2}\dot{\lambda}_2 - \frac{\partial\alpha_1}{\partial y_r}\dot{y}_r - \frac{\partial\alpha_1}{\partial\hat{\theta}}g.\tau_2 + \upsilon_2 g_u\tau_{u,2}\right\} - d_2 z_2\left(-\frac{\partial\alpha_1}{\partial y}\right)^2\end{aligned} \tag{II.65}$$

Avec τ_2 et $\tau_{u,2}$ des paramètres qui seront convenablement définis.

La fonction de Lyapunov dérivée aura l'expression :

$$
\begin{aligned}
\dot{V}_2 &\le -c_1 z_1^2 - c_2 z_2^2 - \frac{3}{4.d_1}\varepsilon^T.\varepsilon + z_2\left\{ z_3 - \frac{\partial \alpha_1}{\partial y}\left(\left(\lambda_2 + \varphi_1^{\ T}\right)\tilde{\theta} + \upsilon_2 \tilde{\theta}_u + \varepsilon_2\right) + \frac{\partial \alpha_1}{\partial \hat{\theta}} g.\left(\tau_2 - \frac{1}{g}\dot{\hat{\theta}}\right) - \upsilon_2 g_u \left(\tau_{u,2} - \frac{1}{g_u}\dot{\hat{\theta}}_u\right)\right\} \\
&\quad - d_2 z_2^2 \left(-\frac{\partial \alpha_1}{\partial y}\right)^2 - \frac{1}{d_2}\varepsilon^T.\varepsilon + \tilde{\theta}^T\left(\tau_1 - \frac{1}{g}\dot{\hat{\theta}}\right) + \tilde{\theta}_u\left(\tau_{u,1} - \frac{1}{g_u}\dot{\hat{\theta}}_u\right) \\
&\le -c_1 z_1^2 - c_2 z_2^2 - \frac{3}{4.d_1}\varepsilon^T.\varepsilon - d_2 z_2^2\left(-\frac{\partial \alpha_1}{\partial y}\right)^2 + z_2\left(-\frac{\partial \alpha_1}{\partial y}\right)\varepsilon_2 - \frac{1}{d_2}\varepsilon^T.\varepsilon + z_2 z_3 + z_2 \frac{\partial \alpha_1}{\partial \hat{\theta}} g\left(\tau_2 - \frac{1}{g}\dot{\hat{\theta}}\right) \\
&\quad + \tilde{\theta}^T\left(z_2\left(-\frac{\partial \alpha_1}{\partial y}\right)\left(\lambda_2 + \varphi_1^{\ T}\right)^T + \tau_1 - \frac{1}{g}\dot{\hat{\theta}}\right) - z_2 \upsilon_2 g_u\left(\tau_{u,2} - \frac{1}{g_u}\dot{\hat{\theta}}_u\right) + \tilde{\theta}_u\left(z_2\left(-\frac{\partial \alpha_1}{\partial y}\right)\upsilon_2 + \tau_{u,1} - \frac{1}{g_u}\dot{\hat{\theta}}_u\right)
\end{aligned}
$$

(II.66)

Pour s'assurer que les deux termes $z_2.\dfrac{\partial \alpha_1}{\partial \hat{\theta}}$ et $\tilde{\theta}$ s'annulent aussi bien que les termes $z_2.\upsilon_2.g_u$ et $\tilde{\theta}_u$, on définit les fonctions :

$$
\begin{aligned}
\tau_2 &= z_2\left(-\frac{\partial \alpha_1}{\partial y}\right)\left(\lambda_2 + \varphi_1^{\ T}\right)^T + \tau_1 \\
\tau_{u,2} &= z_2\left(-\frac{\partial \alpha_1}{\partial y}\right)\upsilon_2 + \tau_{u,1}
\end{aligned}
\qquad \text{(II.67)}
$$

ce qui permet d'avoir l'expression dérivée de Lyapunov :

$$
\begin{aligned}
\dot{V}_2 &\le -c_1 z_1^2 - c_2 z_2^2 - \frac{3}{4.d_1}\varepsilon^T.\varepsilon + z_2 z_3 - d_2\left(z_2^2\left(-\frac{\partial \alpha_1}{\partial y}\right)^2 + z_2\left(-\frac{\partial \alpha_1}{\partial y}\right)\left(\frac{\varepsilon_2}{d_2}\right) + \frac{\varepsilon_2^2}{4d_2^2}\right) + \frac{\varepsilon_2^2}{4d_2} - \frac{1}{d_2}\varepsilon^T.\varepsilon \\
&\quad + z_2\frac{\partial \alpha_1}{\partial \hat{\theta}} g\left(\tau_2 - \frac{1}{g}\dot{\hat{\theta}}\right) + \tilde{\theta}^T\left(\tau_2 - \frac{1}{g}\dot{\hat{\theta}}\right) - z_2\upsilon_2 g_u\left(\tau_{u,2} - \frac{1}{g_u}\dot{\hat{\theta}}_u\right) + \tilde{\theta}_u\left(\tau_{u,2} - \frac{1}{g_u}\dot{\hat{\theta}}_u\right) \\
&\le -c_1 z_1^2 - c_2 z_2^2 - \frac{3}{4.d_1}\varepsilon^T.\varepsilon - \frac{3}{4.d_2}\varepsilon^T.\varepsilon + z_2 z_3 \\
&\quad + z_2\frac{\partial \alpha_1}{\partial \hat{\theta}} g\left(\tau_2 - \frac{1}{g}\dot{\hat{\theta}}\right) + \tilde{\theta}^T\left(\tau_2 - \frac{1}{g}\dot{\hat{\theta}}\right) - z_2\upsilon_2 g_u\left(\tau_{u,2} - \frac{1}{g_u}\dot{\hat{\theta}}_u\right) + \tilde{\theta}_u\left(\tau_{u,2} - \frac{1}{g_u}\dot{\hat{\theta}}_u\right)
\end{aligned}
$$

(II.68)

- **Etape 3**

Vu que le système est d'ordre trois, la fonction de Lyapunov va être augmentée par le terme z_3 et l'erreur d'observation :

$$V_3 = V_2 + \frac{1}{2} z_3^2 + \frac{1}{d_3} \varepsilon^T.P.\varepsilon \tag{II.69}$$

Alors la fonction dérivée sera :

$$\begin{aligned}\dot{V}_3 \le & -c_1 z_1^2 - c_2 z_2^2 - \frac{3}{4.d_1}\varepsilon^T.\varepsilon - \frac{3}{4.d_2}\varepsilon^T.\varepsilon + z_3(z_2+\dot{z}_3) - \frac{1}{d_3}\varepsilon^T.\varepsilon \\ & + z_2 \frac{\partial \alpha_1}{\partial \hat{\theta}} g\left(\tau_2 - \frac{1}{g}\dot{\hat{\theta}}\right) + \tilde{\theta}^T\left(\tau_2 - \frac{1}{g}\dot{\hat{\theta}}\right) \\ & - z_2 \upsilon_2 g_u\left(\tau_{u,2} - \frac{1}{g_u}\dot{\hat{\theta}}_u\right) + \tilde{\theta}_u\left(\tau_{u,2} - \frac{1}{g_u}\dot{\hat{\theta}}_u\right)\end{aligned} \tag{II.70}$$

Le terme $(z_2 + \dot{z}_3)$ va être développé de la manière suivante :

$$\begin{aligned}(z_2+\dot{z}_3) &= z_2 + \frac{d(\upsilon_3.\hat{\theta}_u - \ddot{y}_r - \alpha_2)}{dt} \\ &= z_2 + \dot{\upsilon}_3.\hat{\theta}_u + \upsilon_3.\dot{\hat{\theta}}_u - y_r^{(3)} - \dot{\alpha}_2\end{aligned} \tag{II.71}$$

La commande virtuelle α_{i-1}, définie en (i-1) ème étape, sera toujours une fonction de y, ζ_j , υ_k , λ_j, $\hat{\theta}$ et $\hat{\theta}_u$, tel que j=1,.....,i et k=1,......i-1. Donc, on peut en déduire que α_2 est une fonction de y, $\zeta_1, \zeta_2, \zeta_3$, , υ_1, υ_2 , $\lambda_1, \lambda_2, \lambda_3$, $\hat{\theta}$ et $\hat{\theta}_u$, ce qui conduit à :

$$\begin{aligned}(z_1+\dot{z}_2) = & z_2 + (-k_3.\upsilon_1 + u).\hat{\theta}_u + \upsilon_3.\dot{\hat{\theta}}_u - y_r^{(3)} - \frac{\partial \alpha_2}{\partial y}\dot{y} \\ & - \sum_{i=1}^{3}\left(\frac{\partial \alpha_2}{\partial \zeta_i}\dot{\zeta}_i + \frac{\partial \alpha_2}{\partial \lambda_i}\dot{\lambda}_i + \frac{\partial \alpha_2}{\partial \upsilon_i}\dot{\upsilon}_i\right) - \frac{\partial \alpha_2}{\partial y_r}\dot{y}_r - \frac{\partial \alpha_2}{\partial \hat{\theta}}\dot{\hat{\theta}} - \frac{\partial \alpha_2}{\partial \hat{\theta}_u}\dot{\hat{\theta}}_u\end{aligned} \tag{II.72}$$

La fonction stabilisante α_3 est donnée par l'expression :

$$\begin{aligned}\alpha_3 = & -c_3 z_3 - \Bigg\{ z_2 - k_3.\upsilon_1\hat{\theta}_u - y^{(3)} - \frac{\partial \alpha_2}{\partial y}\left(\zeta_2 + (\lambda_2 + \varphi_1^T)\hat{\theta} + \upsilon_2\hat{\theta}_u\right) \\ & - \sum_{i=1}^{3}\left(\frac{\partial \alpha_2}{\partial \zeta_i}\dot{\zeta}_i + \frac{\partial \alpha_2}{\partial \lambda_i}\dot{\lambda}_i + \frac{\partial \alpha_2}{\partial \upsilon_i}\dot{\upsilon}_i\right) - \frac{\partial \alpha_2}{\partial y_r}\dot{y}_r - \frac{\partial \alpha_2}{\partial \hat{\theta}} g.\tau_3 + \left(\upsilon_3 - \frac{\partial \alpha_2}{\partial \hat{\theta}_u}\right).g_u \tau_{u,3} \\ & - z_2 \frac{\partial \alpha_2}{\partial \hat{\theta}} g\left(-\frac{\partial \alpha_2}{\partial y}\right)(\lambda_2 + \varphi_1^T)^T + z_2 \upsilon_2.g_u\left(-\frac{\partial \alpha_2}{\partial y}\right)\upsilon_2 \Bigg\} - d_3 z_3\left(-\frac{\partial \alpha_2}{\partial y}\right)^2\end{aligned}$$

(II.73)

tel que les fonctions τ_3 et $\tau_{u,3}$ seront convenablement définies.

L'expression (II.70) peut alors prendre la structure suivante :

$$\dot{V}_3 \leq -\sum_{j=1}^{3} c_j z_j^2 - \frac{3}{4.d_1}\varepsilon^T.\varepsilon - \frac{3}{4.d_2}\varepsilon^T.\varepsilon - d_3 z_3^2\left(-\frac{\partial \alpha_2}{\partial y}\right)^2 + z_3\left(-\frac{\partial \alpha_2}{\partial y}\right).\varepsilon_2 - \frac{1}{d_3}\varepsilon^T.\varepsilon + z_3\frac{\partial \alpha_2}{\partial \hat{\theta}} g\left(\tau_3 - \frac{1}{g}\dot{\hat{\theta}}\right)$$
$$+ z_2\frac{\partial \alpha_1}{\partial \hat{\theta}} g.\left(z_3\left(-\frac{\partial \alpha_2}{\partial y}\right)\left(\lambda_2 + \varphi_1^T\right)^T + \tau_2 - \frac{1}{g}\dot{\hat{\theta}}\right) + \tilde{\theta}^T\left(z_3\left(-\frac{\partial \alpha_2}{\partial y}\right)\left(\lambda_2 + \varphi_1^T\right)^T + \tau_2 - \frac{1}{g}\dot{\hat{\theta}}\right)$$
$$- z_3\left(\upsilon_3 - \frac{\partial \alpha_2}{\partial \hat{\theta}_u}\right) g_u\left(\tau_{u,3} - \frac{1}{g_u}\dot{\hat{\theta}}_u\right) - z_2\upsilon_2 g_u\left(z_3\left(-\frac{\partial \alpha_2}{\partial y}\right)\upsilon_2 + \tau_{u,2} - \frac{1}{g_u}\dot{\hat{\theta}}_u\right) + \tilde{\theta}_u\left(z_3\left(-\frac{\partial \alpha_2}{\partial y}\right)\upsilon_2 + \tau_{u,2} - \frac{1}{g_u}\dot{\hat{\theta}}_u\right)$$

(II.74)

On adopte les définitions suivantes :

$$\tau_3 = z_3\left(-\frac{\partial \alpha_2}{\partial y}\right)\left(\lambda_2 + \varphi_1^T\right)^T + \tau_2$$
$$\tau_{u,3} = z_3\left(-\frac{\partial \alpha_2}{\partial y}\right)\upsilon_2 + \tau_{u,2} \qquad \text{(II.75)}$$

et on aboutit à :

$$\dot{V}_3 \leq -\sum_{j=1}^{3} c_j z_j^2 - \frac{3}{4.d_1}\varepsilon^T.\varepsilon - \frac{3}{4.d_2}\varepsilon^T.\varepsilon - \frac{3}{4.d_3}\varepsilon^T.\varepsilon$$
$$+ z_3\frac{\partial \alpha_2}{\partial \hat{\theta}} g\left(\tau_3 - \frac{1}{g}\dot{\hat{\theta}}\right) + z_2\frac{\partial \alpha_1}{\partial \hat{\theta}} g.\left(\tau_3 - \frac{1}{g}\dot{\hat{\theta}}\right) + \tilde{\theta}^T\left(\tau_3 - \frac{1}{g}\dot{\hat{\theta}}\right) \qquad \text{(II.76)}$$
$$- z_3\left(\upsilon_3 - \frac{\partial \alpha_2}{\partial \hat{\theta}_u}\right) g_u\left(\tau_{u,3} - \frac{1}{g_u}\dot{\hat{\theta}}_u\right) - z_2\upsilon_2 g_u\left(\tau_{u,3} - \frac{1}{g_u}\dot{\hat{\theta}}_u\right) + \tilde{\theta}_u\left(\tau_{u,3} - \frac{1}{g_u}\dot{\hat{\theta}}_u\right)$$

Les termes $z_3.\frac{\partial \alpha_2}{\partial \hat{\theta}} g$, $z_2.\frac{\partial \alpha_1}{\partial \hat{\theta}} g$ et $\tilde{\theta}^T$ s'annulent aussi bien que les termes $z_3\left(\upsilon_3 - \frac{\partial \alpha_2}{\partial \hat{\theta}_u}\right) g_u$, $z_2.\upsilon_2.g_u$ et $\tilde{\theta}_u$, en affectant des définitions appropriées à $\dot{\hat{\theta}}_u$ et $\dot{\hat{\theta}}$.

Avec $\alpha_3 = u.\hat{\theta}_u$, la loi de commande peut s'écrire :

$$u = \frac{1}{\hat{\theta}_u}\Bigg[-c_3z_3 - \Bigg\{z_2 - k_3.\upsilon_1\hat{\theta}_u - \frac{\partial\alpha_2}{\partial y}\left(\zeta_2 + \left(\lambda_2 + \varphi_1^{\ T}\right)\hat{\theta} + \upsilon_2\hat{\theta}_u\right) - \sum_{i=1}^{3}\left(\frac{\partial\alpha_2}{\partial\zeta_i}\dot{\zeta}_i + \frac{\partial\alpha_2}{\partial\lambda_i}\dot{\lambda}_i + \frac{\partial\alpha_2}{\partial\upsilon_i}\dot{\upsilon}_i\right)$$
$$- \frac{\partial\alpha_2}{\partial y_r}\dot{y}_r - \frac{\partial\alpha_2}{\partial\hat{\theta}}g\tau_3 + \left(\upsilon_3 - \frac{\partial\alpha_2}{\partial\hat{\theta}_u}\right).g_u\tau_{u,3} - z_2\frac{\partial\alpha_2}{\partial\hat{\theta}}g.\left(-\frac{\partial\alpha_2}{\partial y}\right)\left(\lambda_2 + \varphi_1^{\ T}\right)^T + z_2\upsilon_2.g_u\left(-\frac{\partial\alpha_2}{\partial y}\right)\upsilon_2 - y^{(3)}\Bigg\}$$
$$- d_3z_3\left(-\frac{\partial\alpha_2}{\partial y}\right)^2\Bigg]$$

(II.77)

et les lois de mise à jours sont définies par :

$$\dot{\hat{\theta}} = g.\tau_3 = g.\left(z_3\left(-\frac{\partial\alpha_2}{\partial y}\right) + z_2\left(-\frac{\partial\alpha_1}{\partial y}\right) + z_1\right)\left(\lambda_2 + \varphi_1^{\ T}\right)^T$$
$$\dot{\hat{\theta}}_u = g_u\tau_{u,3} = g_u.\left(z_3\left(-\frac{\partial\alpha_2}{\partial y}\right) + z_2\left(-\frac{\partial\alpha_1}{\partial y}\right) + z_1\right)\upsilon_2 \quad \text{(II.78)}$$

Donc, la dernière fonction dérivée de Lyapunov s'écrit :

$$\dot{V}_3 \le -\sum_{j=1}^{3}c_jz_j^2 - \sum_{i=1}^{3}\frac{3}{4.d_i}\varepsilon^T.\varepsilon \quad \text{(II.79)}$$

En se basant sur la fonction de Lyapunov $V = V_3$, on a pu démontrer que $\dot{V} < 0$, $\forall(z,\varepsilon) \neq 0$, ce qui implique une stabilité asymptotique du système (II.40) et l'observateur (II.41).

II.5 Résultats de simulation

Dans le but de valider la technique de cette commande, on propose la simulation du système d'ordre deux suivant :

$$\dot{x}_1 = x_2 + \varphi(y)^T.\theta$$
$$\dot{x}_2 = \theta_u.u$$
$$y = x_1$$

$c_1=6$; $c_2=4$; $d_1=d_2=1$; $g=g_u=60$; $k_1=30$; $k_2=300$
$\theta=150$; $\theta_u=100$; $\hat{\theta}=150$; $\hat{\theta}_u=100$
$x_1(0)=0.7$; $x_2(0)=2$; $\varphi(y)=\sin(2.\pi.y)$

- **Régulation (y_r=1)**

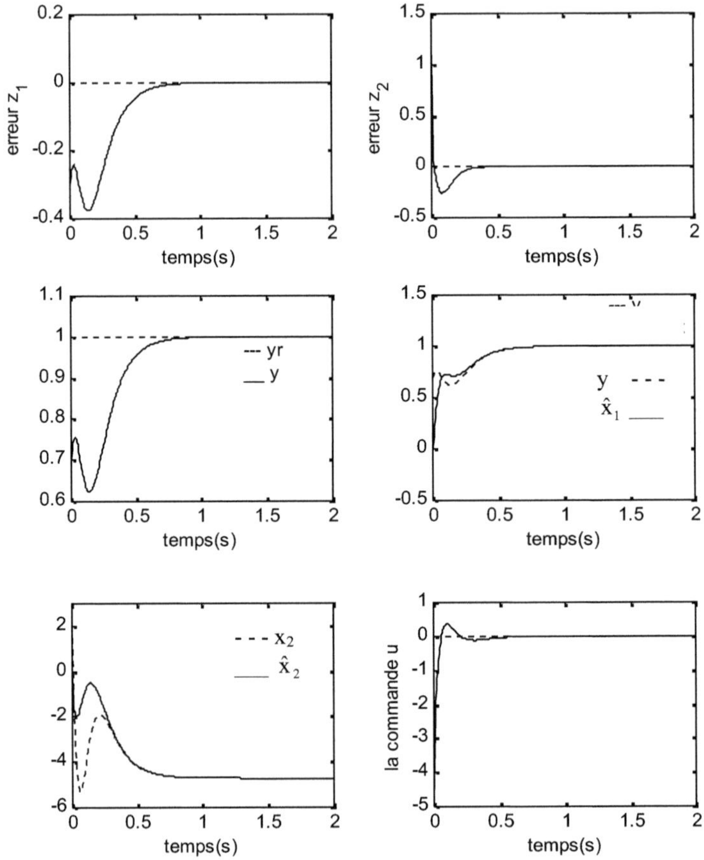

Figure II.4 : Commande adaptative avec observateur-régulation-

On remarque bien que la présence d'un observateur permet d'atteindre la stabilité en régime permanent après 0,5 secondes et la superposition des états estimés avec x_1 et x_2.

- **Poursuite (yr= sin(2.π.t))**

$c_1=6$; $c_2=4$; $d_1=d_2=1$; $g=g_u=50$; $k_1=30$; $k_2=300$
$\theta=150$; $\theta_u=100$; $\hat{\theta}=100$; $\hat{\theta}_u=80$
$x_1(0)=0.7$; $x_2(0)=2$; $\varphi(y)=\sin(2.\pi.y)$

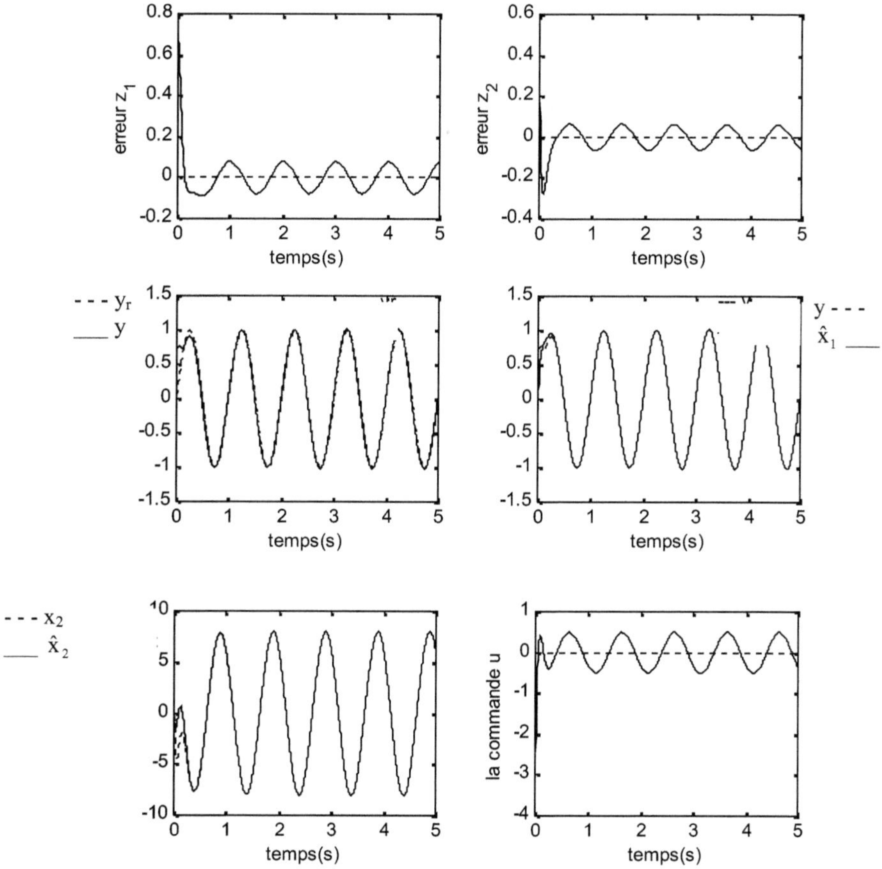

Figure II.5 : Commande adaptative avec observateur-poursuite-

L'erreur z_1 obtenue est acceptable et la poursuite est réalisée ; ce qui confirme l'application de cette technique.

II.6 Exemple de commande d'un pendule simple

On peut simuler un bras manipulateur à un pendule simple comme le montre la figure II.6 suivante :

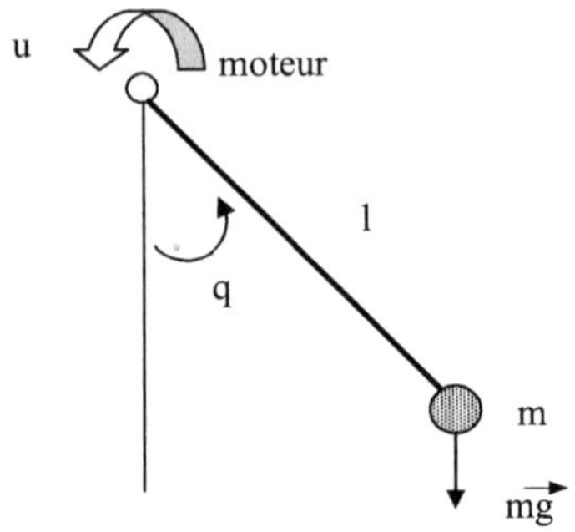

Figure II.6 : Système articulé à un degré de liberté de masse localisée m.
Son mouvement est commandé par le couple u

Le Lagrangien est donné par :

$$
\begin{aligned}
&L = E_C - E_P \\
&E_C = \frac{1}{2} m.l^2.\dot{q}^2 \\
&E_P = m.g.l.(1-\cos q)
\end{aligned}
\tag{II.80}
$$

ce qui implique :

$$L = \frac{1}{2} m.l^2.\dot{q}^2 - m.g.l.(1-\cos q) \tag{II.81}$$

Les équations différentielles sont :

$$
\begin{aligned}
&\frac{\partial L}{\partial \dot{q}} = m.l^2.\dot{q} \\
&\frac{d}{dt}\left(\frac{\partial L}{\partial \dot{q}}\right) = m.l^2.\ddot{q} \\
&\frac{\partial L}{\partial q} = -m.g.l.\sin q
\end{aligned}
\tag{II.82}
$$

D'après l'expression de Lagrange, l'équation du système sera exprimée par :

$$m.l^2.\ddot{q} + m.g.l.\sin q = u \tag{II.83}$$

II.6.1 Développement et procédure de la commande

➢ **Modèle**

L'équation de ce système peut être de la forme :

$$\ddot{q} = -\frac{g}{l}.\sin q + \frac{1}{m.l^2}.u \tag{II.84}$$

En optant pour les variables d'état suivantes :

$x_1=q$: représente la position angulaire,
$x_2=\dot{q}$: représente la vitesse angulaire.

le modèle résultant peut s'écrire :

$$\begin{aligned} \dot{x}_1 &= x_2 \\ \dot{x}_2 &= -\frac{g}{l}.\sin x_1 + \frac{1}{m.l^2}.u \\ y &= x_1 \end{aligned} \tag{II.85}$$

On définit les paramètres comme suit :

$\theta_1 = -\frac{g}{l}$; $\theta_u = \frac{1}{m.l^2}$

ce qui permet d'avoir la structure :

$$\begin{aligned} \dot{x}_1 &= x_2 \\ \dot{x}_2 &= \theta_1.\varphi(x_1) + \theta_u.u \\ y &= x_1 \end{aligned} \tag{II.86}$$

avec la fonction non linéaire $\varphi(x_1) = \sin x_1$

- **Observateur**

Dans ce qui suit, on considère que seulement la position x_1 qui est mesurable, et on suppose que la vitesse est constante.

L'observateur est défini par :

$$\hat{x} = \zeta(t) + \lambda(t).\theta_1 + \upsilon(t).\theta_u \tag{II.87}$$

tel que :

$\zeta \in R^2$, $\lambda \in R^2$ et $\nu \in R^{2xM}$.

Les termes θ_l et θ_u, utilisés dans la relation (II.87), sont les paramètres réels inconnus qu'on ne peut pas implanter. En réalité, se sont les filtres ζ , λ et ν qu'on doit introduire individuellement comme suit :

$$\dot{\zeta}(t) = A.\zeta - K.\zeta_1 + K.y \tag{II.88}$$

$$\dot{\lambda} = A.\lambda - K.\lambda_1 + \begin{bmatrix} 0 \\ \varphi(y) \end{bmatrix} \tag{II.89}$$

$$\dot{\upsilon} = A.\upsilon - K.\upsilon_1 + \begin{bmatrix} 0 \\ u \end{bmatrix}, \tag{II.90}$$

tel que :

$$A = \begin{bmatrix} 0 & 1 \\ 0 & 0 \end{bmatrix} \text{ et } K = \begin{bmatrix} k_1 \\ k_2 \end{bmatrix}$$

Les équations (II.87), (II.88), (II.89) et (II.90) permettent d'aboutir au résultat suivant :

$$\begin{aligned}
\dot{\varepsilon} &= \dot{x} - \dot{\hat{x}} \\
&= \dot{x} - \left(\dot{\zeta}(t) + \dot{\lambda}(t).\theta_1 + \dot{\upsilon}(t).\theta_u\right) \\
&= \dot{x} - \left((A.\zeta - K.\zeta_1 + K.y) + \left(A.\lambda - K.\lambda_1 + \begin{bmatrix} 0 \\ \varphi(y) \end{bmatrix} \right).\theta_1 + \left(A.\upsilon - K.\upsilon_1 + \begin{bmatrix} 0 \\ u \end{bmatrix} \right).\theta_u \right) \qquad \text{(II.91)} \\
&= \dot{x} - \left(A.(\zeta + \lambda.\theta_1 + \upsilon.\theta_u) + K.(y - (\zeta_1 + \lambda_1.\theta_1 + \upsilon_1.\theta_u)) + \begin{bmatrix} 0 \\ \varphi(y) \end{bmatrix}.\theta_1 + \begin{bmatrix} 0 \\ u \end{bmatrix}.\theta_u \right) \\
&= A.\varepsilon - K.\varepsilon_1
\end{aligned}$$

avec :

$$A = \begin{bmatrix} 0 & 1 \\ 0 & 0 \end{bmatrix}, \ \varepsilon = \begin{bmatrix} \varepsilon_1 \\ \varepsilon_2 \end{bmatrix} \text{ et } K = \begin{bmatrix} k_1 \\ k_2 \end{bmatrix}$$

ce qui permet d'écrire (II.91) sous forme :

$$\dot{\varepsilon} = \begin{bmatrix} \varepsilon_2 - k_1.\varepsilon_1 \\ -k_2\varepsilon_1 \end{bmatrix} = A_0.\varepsilon \tag{II.92}$$

tel que $A_0 = \begin{bmatrix} -k_1 & 1 \\ -k_2 & 0 \end{bmatrix}$, et K est choisi de tel sorte que A_0 soit de Hurwitz (l'équation $s^2+k_1.s+k_2=0$ avec solutions à parties réelles négatives).

- **Etape 1**

On adopte les transformations suivantes :

$$z_1 = y - y_r \tag{II.93}$$

$$z_2 = \upsilon_2.\hat{\theta}_u - \dot{y}_r - \alpha_1 \tag{II.94}$$

avec α_1 la commande virtuelle non définie jusqu'ici.

Sachant que cette première étape consiste à identifier la commande virtuelle, on choisit $P \in R^{2x2}$, $P>0$ et $P^T=P$ où $P.A_0+A_0^T.P= -I$. La première fonction de Lyapunov est définie par :

$$V_1 = \frac{1}{2}z_1^2 + \frac{1}{2.g_1}\tilde{\theta}_1^2 + \frac{1}{2.g_u}\tilde{\theta}_u^{\ T}.\tilde{\theta}_u + \frac{1}{d_1}\varepsilon^T.P.\varepsilon \tag{II.95}$$

Sa dérivée peut s'écrire :

$$\begin{aligned} \dot{V}_1 &= z_1.\dot{z}_1 + \tilde{\theta}_1\left(-\frac{1}{g_1}\dot{\hat{\theta}}_1\right) + \tilde{\theta}_u^{\ T}\left(-\frac{1}{g_u}\dot{\hat{\theta}}_u\right) - \frac{1}{d_1}\varepsilon^T.\varepsilon \\ &= z_1.(\dot{y} - \dot{y}_r) + \tilde{\theta}_1\left(-\frac{1}{g_1}\dot{\hat{\theta}}_1\right) + \tilde{\theta}_u^{\ T}\left(-\frac{1}{g_u}\dot{\hat{\theta}}_u\right) - \frac{1}{d_1}\varepsilon^T.\varepsilon \end{aligned} \tag{II.96}$$

Notons que :

$$\dot{y} = \dot{x}_1 = x_2 = \hat{x}_2 + \varepsilon_2 = \zeta_2(t) + \lambda_2(t).\theta_1 + \upsilon_2(t).\theta_u + \varepsilon_2 \tag{II.97}$$

on aura alors :

$$\begin{aligned}
\dot{V}_1 &= z_1.(\zeta_2 + \lambda_2.\theta_1 + \upsilon_2.\theta_u + \varepsilon_2 - \dot{y}_r) + \tilde{\theta}_1\left(-\frac{1}{g_1}\dot{\hat{\theta}}_1\right) + \tilde{\theta}_u^T\left(-\frac{1}{g_u}\dot{\hat{\theta}}_u\right) - \frac{1}{d_1}\varepsilon^T.\varepsilon \\
&= z_1.\left(z_2 + \alpha_1 + \zeta_2 + \lambda_2.\hat{\theta}_1\right) + z_1.\varepsilon_2 + \tilde{\theta}_1\left(z_1.\lambda_2 - \frac{1}{g_1}\dot{\hat{\theta}}_1\right) + \tilde{\theta}_u^T\left(z_1.\upsilon_2^T - \frac{1}{g_u}\dot{\hat{\theta}}_u\right) - \frac{1}{d_1}\varepsilon^T.\varepsilon
\end{aligned} \tag{II.98}$$

On définit la première commande virtuelle par l'expression suivante :

$$\alpha_1 = -c_1 z_1 - d_1 z_1 - \left(\zeta_2 + \lambda_2.\hat{\theta}_1\right) \tag{II.99}$$

ce qui donne :

$$\begin{aligned}
\dot{V}_1 &= -c_1 z_1^2 + z_1.z_2 - d_1 z_1^2 + z_1.\varepsilon_2 - \frac{1}{d_1}\varepsilon^T.\varepsilon + \tilde{\theta}_1\left(z_1.\lambda_2 - \frac{1}{g_1}\dot{\hat{\theta}}_1\right) + \tilde{\theta}_u^T\left(z_1.\upsilon_2^T - \frac{1}{g_u}\dot{\hat{\theta}}_u\right) \\
&= -c_1 z_1^2 + z_1.z_2 - d_1.\left(z_1 - \frac{1}{2.d_1}\varepsilon_2\right)^2 + \frac{1}{4.d_1}\varepsilon_2^2 - \frac{1}{d_1}\varepsilon^T.\varepsilon + \tilde{\theta}_1\left(z_1.\lambda_2 - \frac{1}{g_1}\dot{\hat{\theta}}_1\right) + \tilde{\theta}_u^T\left(z_1.\upsilon_2^T - \frac{1}{g_u}\dot{\hat{\theta}}_u\right) \\
&\le -c_1 z_1^2 + z_1.z_2 - \frac{3}{4.d_1}\varepsilon^T.\varepsilon + \tilde{\theta}_1\left(z_1.\lambda_2 - \frac{1}{g_1}\dot{\hat{\theta}}_1\right) + \tilde{\theta}_u^T\left(z_1.\upsilon_2^T - \frac{1}{g_u}\dot{\hat{\theta}}_u\right)
\end{aligned} \tag{II.100}$$

- **Etape 2**

La fonction de Lyapunov est définie par l'expression suivante :

$$V_2 = V_1 + \frac{1}{2}z_2^2 + \frac{1}{d_2}\varepsilon^T.P.\varepsilon \tag{II.101}$$

La dérivée de cette dernière s'écrit :

$$\dot{V}_2 = \dot{V}_1 + z_2.\dot{z}_2 - \frac{1}{d_2}\varepsilon^T.\varepsilon \tag{II.102}$$

D'après (II.100) on peut déduire :

$$\dot{V}_2 \leq -c_1 z_1^2 + z_2(z_1 + \dot{z}_2) - \frac{3}{4.d_1}\varepsilon^T.\varepsilon - \frac{1}{d_2}\varepsilon^T.\varepsilon + \tilde{\theta}_1\left(z_1.\lambda_2 - \frac{1}{g_1}\dot{\hat{\theta}}_1\right) + \tilde{\theta}_u^T\left(z_1.\upsilon_2^T - \frac{1}{g_u}\dot{\hat{\theta}}_u\right) \quad (II.103)$$

En utilisant les définitions $c_1^* = c_1 + d_1$ et $u = \alpha_2/\hat{\theta}_u$, on peut développer le terme $(z_1 + \dot{z}_2)$ de la manière suivante :

$$\begin{aligned}(z_1 + \dot{z}_2) &= z_1 + \frac{d(\upsilon_2.\hat{\theta}_u - \dot{y}_r - \alpha_1)}{dt} \\ &= \alpha_2 + z_1 - k_2.(\zeta_1 + \lambda_1\hat{\theta}_1 + \upsilon_1.\hat{\theta}_u) + c_1^*.(\zeta_2 + \lambda_2\hat{\theta}_1 + \upsilon_2.\hat{\theta}_u) + c_1^*.(\lambda_2\tilde{\theta}_1 + \upsilon_2.\tilde{\theta}_u) \\ &\quad - c_1^*.\dot{y}_r + k_2 y - \ddot{y}_r + c_1^*.\varepsilon_2 + \lambda_2\dot{\hat{\theta}}_1 + \upsilon_2.\dot{\hat{\theta}}_u + \varphi(y).\hat{\theta}_1\end{aligned} \quad (II.104)$$

On peut définir la commande u en adoptant le choix de α_2 suivant :

$$\begin{aligned}\alpha_2 = -c_2.z_2 - d_2.(c_1^*)^2.z_2 - \{&z_1 - k_2.(\zeta_1 + \lambda_1\hat{\theta}_1 + \upsilon_1.\hat{\theta}_u) + c_1^*.(\zeta_2 + \lambda_2\hat{\theta}_1 + \upsilon_2.\hat{\theta}_u) \\ &- c_1^*.\dot{y}_r + k_2 y - \ddot{y}_r + \varphi(y).\hat{\theta}_1 + \lambda_2.g_1.\tau_1 + \upsilon_2.g_u.\tau_u\}\end{aligned} \quad (II.105)$$

tel que τ_1 et τ_u vont être convenablement définies,

L'équation (II.104) peut alors s'écrire :

$$(z_1 + \dot{z}_2) = -c_2.z_2 - d_2.(c_1^*)^2.z_2 + c_1^*.(\lambda_2\tilde{\theta}_1 + \upsilon_2.\tilde{\theta}_u + \varepsilon_2) + \lambda_2\dot{\hat{\theta}}_1 + \upsilon_2.\dot{\hat{\theta}}_u - (\lambda_2.g_1.\tau_1 + \upsilon_2.g_u.\tau_u) \quad (II.106)$$

et l'expression (II.103) aura la structure :

$$\begin{aligned}\dot{V}_2 &\leq -c_1 z_1^2 - c_2 z_2^2 - \frac{3}{4.d_1}\varepsilon^T.\varepsilon - \frac{3}{4.d_2}\varepsilon^T.\varepsilon - \lambda_2.z_2 g_1\left(\tau_1 - \frac{1}{g_1}\dot{\hat{\theta}}_1\right) + \tilde{\theta}_1\left(\tau_1 - \frac{1}{g_1}\dot{\hat{\theta}}_1\right) \\ &\quad - \upsilon_2.z_2 g_u\left(\tau_u - \frac{1}{g_u}\dot{\hat{\theta}}_u\right) + \tilde{\theta}_u^T\left(\tau_u - \frac{1}{g_u}\dot{\hat{\theta}}_u\right) \\ &\leq -c_1 z_1^2 - c_2 z_2^2 - \frac{3}{4.d_1}\varepsilon^T.\varepsilon - \frac{3}{4.d_2}\varepsilon^T.\varepsilon + (-\lambda_2.z_2 g_1 + \tilde{\theta}_1)\left(\tau_1 - \frac{1}{g_1}\dot{\hat{\theta}}_1\right) \\ &\quad + (-\upsilon_2.z_2 g_u + \tilde{\theta}_u^T)\left(\tau_u - \frac{1}{g_u}\dot{\hat{\theta}}_u\right)\end{aligned} \quad (II.107)$$

tel que :

$$\begin{aligned}\tau_1 &= \left(c_1^* z_2 + z_1\right)\lambda_2 \\ \tau_u &= \left(c_1^* z_2 + z_1\right)v_2^T\end{aligned} \quad (II.108)$$

La dernière étape consiste à expliciter la loi de commande :

$$\begin{aligned}u = \frac{\alpha_2}{\hat{\theta}_u} = \frac{1}{\hat{\theta}_u}\Big[&-c_2.z_2 - d_2.(c_1^*)^2.z_2 - \big\{z_1 - k_2.\left(\zeta_1 + \lambda_1\hat{\theta}_1 + \upsilon_1.\hat{\theta}_u\right) + c_1^*.\left(\zeta_2 + \lambda_2\hat{\theta}_1 + \upsilon_2.\hat{\theta}_u\right) \\ &- c_1^*.\dot{y}_r + k_2 y - \ddot{y}_r + \varphi(y).\hat{\theta}_1 + \lambda_2.g_1.\tau_1 + \upsilon_2.g_u.\tau_u\big\}\Big]\end{aligned} \quad (II.109)$$

Les lois de mise à jour sont définies par :

$$\begin{aligned}\dot{\hat{\theta}}_1 &= g_1\tau_1 = g_1.\left(c_1^* z_2 + z_1\right)\lambda_2 \\ \dot{\hat{\theta}}_u &= g_u\tau_u = g_u.\left(c_1^* z_2 + z_1\right)v_2^T\end{aligned} \quad (II.110)$$

Enfin, la fonction dérivée de Lyapunov aura l'expression suivante :

$$\dot{V}_2 \leq -\sum_{j=1}^{2} c_j z_j^2 - \sum_{i=1}^{2} \frac{3}{4.d_i}\varepsilon^T.\varepsilon \quad (II.111)$$

En se basant sur la fonction de Lyapunov $V=V_2$, on a pu démontrer que $\dot{V} < 0$, $\forall(z,\varepsilon) \neq 0$, ce qui implique une stabilité asymptotique du système et de l'observateur.

II.6.2 Simulation et résultats

- **Régulation yr =1**

$x_1(0)=0{,}7$; $x_2(0)=2$; $g=10$; $l=1$; $m=10$; $\theta_l=-10$; $\theta_u=10$

$\hat{\theta}_{l0}=-9{,}3$; $\hat{\theta}_{u0}=9{,}5$

$c_1=9$; $c_2=9$; $d_1=1$; $d_2=1$; $g_l=700$; $g_u=11$; $k_1=30$; $k_2=300$

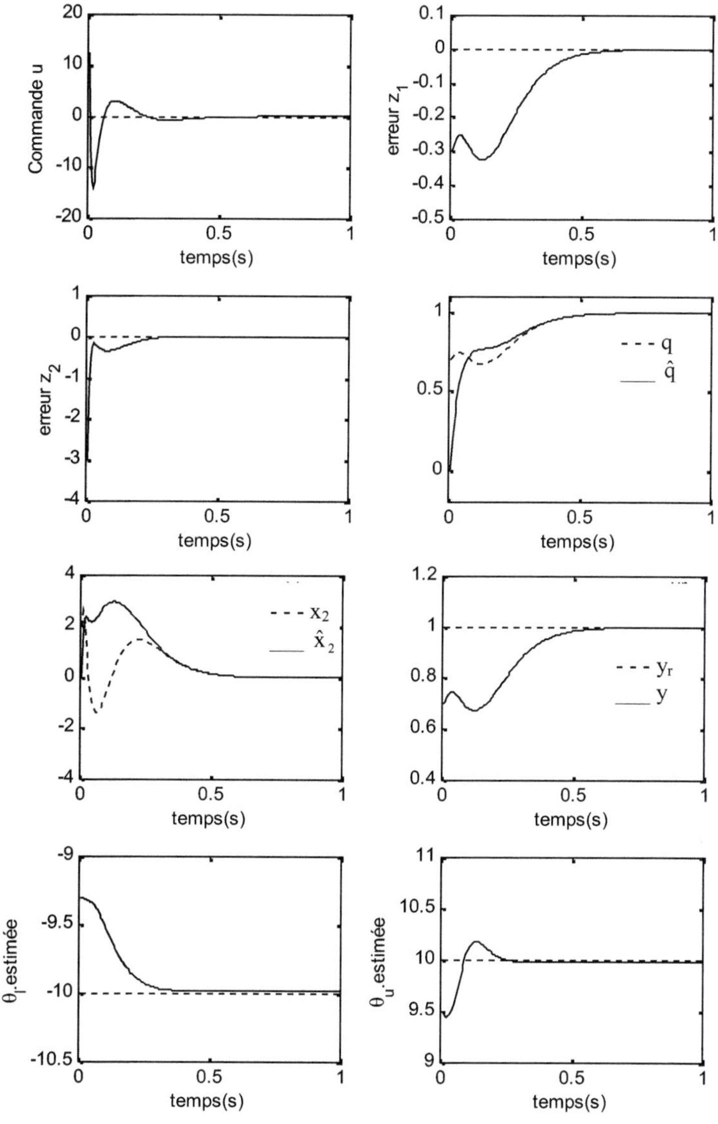

Figure II.7 : Résultats de simulation d'une commande adaptative d'un pendule simple par backstepping plus observateur –régulation-

- **Poursuite yr=sin(2π.t)**

$x_1(0)=0,7$; $x_2(0)=2$; $g=10$; $l=1$; $m=10$; $\theta_l=-10$; $\theta_u=10$
$\hat{\theta}_{l0}=-9,3$; $\hat{\theta}_{u0}=9,5$
$c_1=9$; $c_2=9$; $d_1=1$; $d_2=1$; $g_l=700$; $g_u=11$; $k_1=30$; $k_2=300$

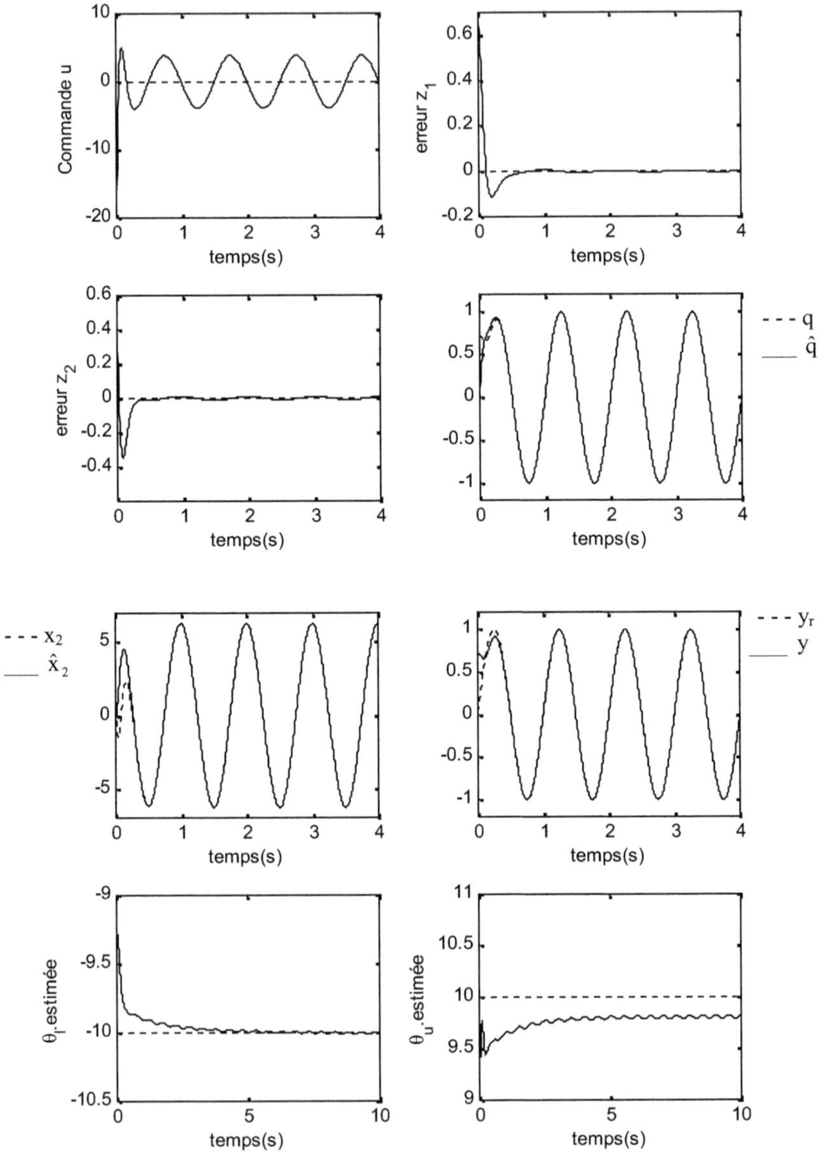

Figure II.8 : Résultats de simulation d'une commande adaptative par backstepping plus observateur –poursuite-

II.7 Conclusion

Dans ce chapitre, la technique de commande présentée repose sur l'utilisation d'un observateur en supposant que les états du système ne sont pas tous mesurables. Pour réaliser les objectifs de poursuite et de régulation, un choix d'observateur a été utilisé mais valable seulement pour les systèmes qui peuvent être représentés sous forme triangulaire. Cet observateur permet de réaliser la poursuite ainsi que la régulation d'une manière parfaite.

3ème Chapitre

APPLICATION DE LA COMMANDE ADAPTATIVE « BACKSTEPPING » POUR LES ROBOTS

III.1 Structure générale d'un robot

Un robot manipulateur est un ensemble constitué :

- **d'une structure mécanique :** Appelée porteur qui représente un support pour l'organe terminal.
- **des actionneurs (moteurs) :** Suivant les applications que servent à réaliser les différents mouvements de la structure mécanique et aussi le positionnement de l'organe terminal.
- **des capteurs internes et externes :** Ces capteurs servent à mesurer les positions, les vitesses, les accélérations ou les couples aux endroits désirés.
- **un système de commande :** Ce système contrôle les actionneurs, en connaissant les mouvements à exécuter, en se référant au programme de la tâche, ainsi qu'aux informations qui arrivent des capteurs.
- **un système décisionnel :** Qui assure la fonction de raisonnement et élabore le mouvement du robot manipulateur à partir de la définition de la tâche à exécuter transmise par le programmeur à l'aide du système de communication.
- **un système de communication :** Qui gère les messages transmis.

III.2 Structure mécanique d'un robot

La structure mécanique d'un robot se distingue par trois ensembles comme le montre la figure (III.1) suivante :

- La base générale,
- Le porteur,
- L'organe terminal.

Figure III.1 : Structure mécanique d'un robot

1°/ La base générale

C'est la pièce maîtresse du bras car elle en constitue le support sur lequel est situé l'origine du premier élément de la structure articulée constituant le bras.

2°/ Le porteur

Le rôle du porteur consiste à mener un point de robot (l'organe terminal) vers un lieu précis de l'espace. Les différentes configurations permettent de distinguer quatre structures de robots :
- la structure cartésienne,
- la structure cylindrique,
- la structure sphérique,
- la structure articulaire.

3°/ L'organe terminal

Les tâches exercées par les robots sont très variées et ce sont généralement des travaux répétitifs qui leurs sont confiées.
En pratique la plupart des travaux réalisés sont effectués par l'intermédiaire d'un élément terminal appelé l'effecteur. Pour chaque opération (travail) spécifique, l'effecteur prend un aspect bien particulier (exemple : pour un poste de soudage automatique, l'organe terminal est une torche à souder ou une pointe de métal pour le cas du soudage à l'arc). **[20, 26, 3]**

III-3 Tâches de base exécutées par les robots

- Fonctions de manutention et stockage des pièces,
- Tri des pièces,
- Fonctions de fabrication (chaîne de production), le robot est intégré (soudage par point, à l'arc, pistolage, polissage…)
- Fonctions d'assemblage ce qui impose une grande précision (exemple : introduire un piston dans un cylindre).

Un robot se présente en général comme un Système Mécanique Articulé S.M.A et il a comme but d'effectuer certaines opérations, en essence, l'objectif de la commande consiste à spécifier ce que doit faire le manipulateur alors que but du contrôle est de lui fournir le moyen de suivre convenablement la tâche qui lui est assignée.

III.4 Commande des robots

Bien qu'une classification d'un robot soit délicate à établir si l'on désire la construire sur une base impliquant le maximum de caractéristiques, elle est aisée à réaliser si l'on se place au seul plan de la commande qui sépare les robots en deux grands groupes :

- Les robots dits « tout ou rien » ou séquentiel,
- Les robots dits « asservis ».

III.4.1 Modélisation d'un bras manipulateur

Pour concevoir simuler ou commander un robot, on est souvent amené à décrire le comportement d'un système physique sous forme d'équations mathématiques, soit encore définir plusieurs modèles (modèles géométrique, cinématique, dynamique etc....) permettant d'engendrer les mouvements du robot nécessaires au remplissage d'une tâche, dans un environnement donné.

Divers formalismes peuvent être utilisés pour faciliter la mise en équation des robots, et les plus courants sont le formalisme de Lagrange, la méthode de Newton-Eleur, la méthode des travaux virtuels de d'Alembert et la méthode des Bond-graphs.

III.4.2 Modèle cinématique

Le contrôle d'un robot est une opération qui consiste à asservir les valeurs des angles articulaires θ à des valeurs désirées θ_d. Par ce moyen, il est fait en sorte que la configuration prise par un robot soit commandée à partir de θ_d et que l'on ait $\theta = \theta_d$ quelle que soit la charge transportée par le robot et indépendamment du mouvement de celui-ci lorsque les consignes évoluent en fonction du temps.

Afin de bien maîtriser et de contrôler correctement les articulations d'un robot, il est impératif de connaître avec précision la cinématique du mouvement d'un manipulateur.

La cinématique est l'étude des mouvements observés indépendamment des causes qui les produisent. Cette étude nous permettra de trouver par la suite les lois responsables du mouvement.

Le modèle cinématique permet le calcul de la vitesse de l'organe terminal dans l'espace opérationnel en fonction des vitesses articulaires, il s'écrit sous la forme :

$$\dot{X} = J(q).\dot{q} \qquad \text{(III.1)}$$

$\dot{q}$: Vecteur de vitesse articulaire,

$\dot{X}$: Vecteur de vitesse de l'organe terminal,

J(q) : Matrice Jacobienne.

Le modèle cinématique inverse permet d'obtenir le vecteur des vitesses articulaires $\dot{q}$ en fonction des vitesses cartésiennes $\dot{X}$ du point terminal. Ce modèle s'écrit :

$$\dot{q} = J^{-1}.\dot{X} \qquad \text{(III.2)}$$

III.4.3 Modèle dynamique

La dynamique « étude des lois et des causes du mouvement » est fondée principalement sur la mécanique classique issue des lois de NEWTON. Les notions de masse (grandeur associée au système) et de force (grandeur décrivant l'action du monde extérieur sur le système) y jouent un rôle essentiel.

Le formalisme de Lagrange est utilisé pour modéliser le comportement dynamique d'un robot ; cette approche particulière est assez simple à mettre en œuvre et elle est bien adaptée aux techniques de calcul manuel ainsi qu'aux méthodes de calcul assisté par ordinateur :

- **Equation de Lagrange**

Les équations de Lagrange opèrent à partir de l'énergie cinématique et de l'énergie potentielle d'un système. Le Lagrangien L s'écrit :

$$L=E_c-E_p \qquad \text{(III.3)}$$

E_c : énergie cinétique,

E_p : énergie potentielle.

Les équations de Lagrange sont définies par :

$$\sum_{i=1}^{N} \frac{d}{dt}\left(\frac{\partial L}{\partial \dot{q}_i}\right) - \frac{\partial L}{\partial q_i} = \Gamma_i \qquad \text{(III.4)}$$

q_i : les variables articulaires des systèmes à N degrés de liberté.

Γ_i : représente le couple ou la force F_i qui agit sur le système de rang i.

Ce formalisme de mise en équation d'un système est le plus pratique car les énergies cinétiques et potentielles sont des grandeurs qui sont additives. Leur détermination est aisée.

III.5 Commande adaptative d'un robot manipulateur à deux degrés de liberté

Pour cette application, on va montrer comment le problème de la commande adaptative d'un robot manipulateur à deux degrés de liberté va être résolu en utilisant la technique du backstepping avec un observateur de vitesse en supposant que seules les positions des segments qui sont mesurables.

III.5.1 Modèle et propriétés

- **Modèle**

En appliquant le formalisme de Lagrange, le système peut être décrit par le modèle suivant :

$$\tau = M(q).\ddot{q} + C(q,\dot{q}).\dot{q} + G(q) + F(\dot{q}) \qquad \text{(III.5)}$$

avec :

q : position et/ou position angulaire,

$\dot{q}$: vitesse et/ou vitesse angulaire $\dot{q} \in R^n$,

$\ddot{q}$: accélération et/ou accélération angulaire $\ddot{q} \in R^n$,

M : matrice d'inertie du robot $M \in R^{nxn}$,

C : vecteur des termes Coriolis et centrifuges $C \in R^{nxn}$,

F : vecteur des frottements,

G : vecteur des actions de gravité $G \in R^n$,

τ : couple moteur $\tau \in R^n$.

Par hypothèse, on a :

l_1 : la longueur du premier segment,

l_2 : la longueur du deuxième segment,

m_1 : la masse du premier segment,

m_2 : la masse du deuxième segment.

Le vecteur d'état peut être décrit par :

$$X = \begin{bmatrix} x_1 \\ x_2 \end{bmatrix} = \begin{bmatrix} \dot{q} \\ q \end{bmatrix}$$

La représentation d'état peut s'écrire alors :

$$\begin{aligned} \dot{x}_1 &= M^{-1}(x_2).\left[\tau - C(x_1, x_2).x_1 - G(x_2)\right] \\ \dot{x}_2 &= x_1 \end{aligned} \tag{III.6}$$

avec : $F(x_1)=0$.

- **Propriétés**

Ce type de robot possède les propriétés suivantes :

- Propriété III.1 : $M(q)$ est symétrique positive définie, $\exists\ M_M \geq M_m > 0$ tel que $M_m.I_n < \|M(q)\| < M_M.I_n$, $\forall\ q \in R^n$ avec I_n matrice identité nxn.
- Propriété III.2 : $C(q,\dot{q}_1).\dot{q}_2 = C(q,\dot{q}_2).\dot{q}_1$.
- Propriété III.3 : $C(q,\dot{q}) \langle C_M.\|\dot{q}\|$ avec C_M une constante positive.
- Propriété III.4 : $N(q,\dot{q}) = M(q)\text{-}2.C(q,\dot{q})$ est symétrique, et $\dot{M}(q)=C(q,\dot{q})+C^T(q,\dot{q})$.
- Propriété III.5 : $M(q).\ddot{q}_d + C(q,\dot{q}).\dot{q}_d + G(q) = \varphi(q,\dot{q},\dot{q}_d,\ddot{q}_d).\theta$, $\dot{q}_d, \ddot{q}_d \in R^n$ représentent les vecteurs de référence.

avec $\varphi \in R^{nx1}$ fonction connue et $\theta \in R^p$ vecteur paramétrique inconnu.**[10]**

III.5.2 Observateur backstepping

On note que la vitesse du robot est limitée par une valeur constante ω_{max} tel que $\|\dot{q}\| < \omega_{max}$ $\forall$ $t \geq 0$.

On considère l'erreur et sa dérivée suivantes :

$$\begin{aligned} z_1 &= q - q_d \\ \dot{z}_1 &= x_1 - \dot{q}_d \end{aligned} \tag{III.7}$$

L'idée principale du backstepping est de choisir l'un des états variables comme étant la commande virtuelle.

$$\xi_1 = \hat{x}_1 = z_2 + \alpha_1 \tag{III.8}$$

tel que ξ_1 représente la somme de l'erreur variable suivante z_2 et la fonction stabilisante α_1, alors on peut déduire à partir de l'équation (III.8) :

$$\dot{z}_1 = z_2 + \alpha_1 + \tilde{x}_1 - \dot{q}_d \tag{III.9}$$

avec : $x_1 = \hat{x}_1 + \tilde{x}_1$

La fonction stabilisante est choisie de sorte que :

$$\alpha_1 = -C_1 . z_1 - D_1 . z_1 + \dot{q}_d \tag{III.10}$$

avec $C_1 \in R^{nxn}$ matrice positive et toujours diagonale, et $D_1 \in R^{nxn}$ positive diagonale tel que :

$$D_1 = \mathrm{diag}\left[d_1, \ldots\ldots, d_n\right] \tag{III.11}$$

avec :
$d_i > 0$ (i=1,….,n).

Sachant que le terme $-D_1.z_1$ est rajouté pour compenser $\tilde{x}_1$, on peut écrire (III.9) sous forme :

$$\dot{z}_1 = -(C_1 + D_1) z_1 + z_2 + \tilde{x}_1 \tag{III.12}$$

L'étape suivante consiste à représenter la dynamique de z_2 en utilisant l'équation (III.8), ce qui donne :

$$\begin{aligned}\dot{z}_2 &= \dot{\xi}_1 - \dot{\alpha}_1 \\ &= \dot{\hat{x}}_1 + (C_1 + D_1).\dot{z}_1 - \ddot{q}_d \\ &= -(C_1 + D_1)^2.z_1 + (C_1 + D_1)(z_2 + \tilde{x}_1) - \ddot{q}_d + \hat{M}(q)^{-1}.\left[\tau - \hat{C}(q, \hat{x}_1).\hat{x}_1 - \hat{G}(q)\right] + K.\tilde{x}_1\end{aligned} \tag{III.13}$$

L'équation de l'observateur est donnée par l'équation (III.14) et explicitée par la figure III.2 :

$$\dot{\hat{x}}_1 = \psi(q, \hat{x}_1, \tau, \hat{\theta}) + K.\tilde{x}_1 \tag{III.14}$$

$$\psi(q, \hat{x}_1, \tau, \hat{\theta}) = \hat{M}(q)^{-1}.\left[\tau - \hat{C}(q, \hat{x}_1).\hat{x}_1 - \hat{G}(q)\right] \tag{III.15}$$

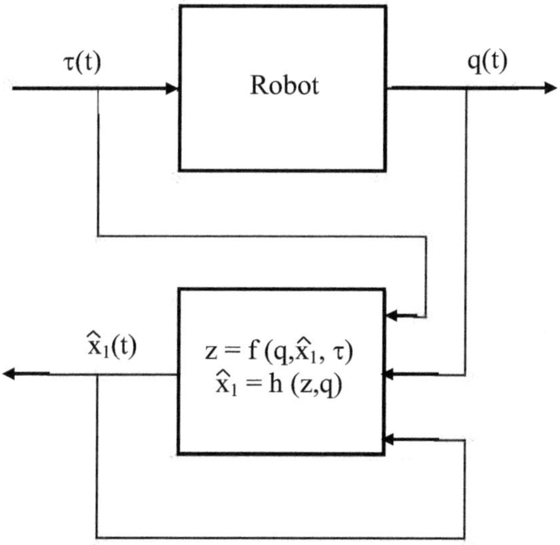

Figure III.2 : Diagramme bloc de l'observateur

tel que $\tilde{x}_1 = x_1 - \hat{x}_1$ est l'erreur d'observateur et K>0 est la matrice de gain diagonale.

Le paramètre estimé utilisé en (III.14) et (III.15) est obtenu à partir de la loi d'adaptation :

$$\dot{\hat{\theta}} = -\Gamma.\varphi^T(q, \hat{x}_1, \psi).\tilde{x}_1 \qquad \text{(III.16)}$$

tel que φ^T déduite de la propriété (III.5).

On choisit la loi de commande suivante :

$$U=\tau=-\hat{M}(q).\left[-(C_1+D_1)^2.z_1+(C_1+D_1)z_2-\ddot{q}_d+C_2.z_2+D_2.z_2+z_1\right]+\hat{C}(q,\hat{x}_1).\hat{x}_1+\hat{G}(q) \qquad \text{(III.17)}$$

avec $C_2 \in R^{nxn}$ matrice positive et toujours diagonale

À partir des équations (III.15) et (III.16), on aura :

$$\dot{z}_2 = -C_2.z_2 - D_2.z_2 - z_1 + \Omega.\tilde{x}_1 \qquad \text{(III.18)}$$

tel que :

$\Omega=(C_1+D_1)+K$

$D_2\in R^{nxn}$

$D_2=diag[d_{n+1}.w_1^T.w_1,.....,d_{2.n}.w_n^T.w_n]$

$\Omega^T=[w_1,.....,w_n]$ et $d_i>0$ (i=n+1,…..,2.n)

III.5.3 Etude de stabilité

En tenant compte des équations (III.12) et (III.18), la dynamique de l'erreur peut s'écrire :

$$\dot{z}=-(C_Z+D_Z).z+W.\tilde{x}_1 \tag{III.19}$$

$$M(q).\dot{\tilde{x}}_1=-C(q,x_1).x_1+C(q,\hat{x}_1).\hat{x}_1-M(q).K.\tilde{x}_1-\varphi(q,\hat{x}_1,\psi).\tilde{\theta} \tag{III.20}$$

avec :

$$z=\begin{bmatrix}z_1 & z_2\end{bmatrix}^T, C_Z=\begin{bmatrix}C_1 & 0\\ 0 & C_2\end{bmatrix}, D_Z=\begin{bmatrix}D_1 & 0\\ 0 & D_2\end{bmatrix}, E=\begin{bmatrix}0 & I\\ I & 0\end{bmatrix}, W=\begin{bmatrix}I & \Omega\end{bmatrix}^T$$

Considérons la fonction de Lyapunov :

$$V=\frac{1}{2}\left(z^T.z+\tilde{x}_1^T.M(q).\tilde{x}_1+\tilde{\theta}^T.\Gamma^{-1}.\tilde{\theta}\right) \tag{III.21}$$

En utilisant les équations (III.19) et (III.20), la dérivée de V aura la structure :

$$\begin{aligned}\dot{V}=&-z^T.C_Z.z-z^T.D_Z.z+z^T.W.\tilde{x}_1-\tilde{x}_1^T.(M(q).K+C(q,x_1)-C(q,\tilde{x}_1)).\tilde{x}_1\\&+\tilde{x}_1^T.\left(\frac{1}{2}\dot{M}(q)-C(q,x_1)\right)\tilde{x}_1-\tilde{\theta}^T.\left(\varphi^T(q,\tilde{x}_1,\Psi).\tilde{x}_1+\Gamma^{-1}.\dot{\hat{\theta}}\right)\end{aligned} \tag{III.22}$$

Avec l'addition du terme nul $\frac{1}{4}.(\tilde{x}_1^T.P.\tilde{x}_1-\tilde{x}_1^T.P.\tilde{x}_1)$ et l'utilisation de l'équation (III.16) et la propriété (III.4), on aura :

$$\begin{aligned}\dot{V}=&-z^T.C_Z.z-z^T.D_Z.z+z^T.W.\tilde{x}_1-\tilde{x}_1^T.P.\tilde{x}_1\\&-\tilde{x}_1^T.\left(M(q).K+C(q,x_1)-C(q,\tilde{x}_1)-\frac{1}{4}.P\right).\tilde{x}_1\end{aligned} \tag{III.23}$$

On définit la matrice P par :

$$P = p.I \qquad \text{(III.24)}$$

avec :

$$p = \sum_{i=1}^{4} \frac{1}{d_i} \qquad \text{(III.25)}$$

Sachant que :

$$-z^T.D_Z.z + z^T.W.\tilde{x}_1 - \tilde{x}_1^T.P.\tilde{x}_1 \leq 0 \qquad \text{(III.26)}$$

on peut déduire la dérivée de Lyapunov suivante :

$$\dot{V} \leq -z^T.C_Z.z - \tilde{x}_1^T.\left(M(q).K + C(q, x_1) - C(q, \tilde{x}_1) - \frac{1}{4}.P\right).\tilde{x}_1 \qquad \text{(III.27)}$$

$$\leq -z^T.C_Z.z - \left(M_M.K + C_M.\omega_{max} - C_M\|\tilde{x}_1\| - \frac{1}{4}.P\right).\|\tilde{x}_1\|^2 \qquad \text{(III.28)}$$

La condition qui satisfait la stabilité est telle que :

$$M_M.K + C_M.\omega_{max} - C_M\|\tilde{x}_1\| - \frac{1}{4}.P > 0 \qquad \text{(III.29)}$$

ce qui permet d'écrire : $\dot{V} \leq 0$.

III.5.4 Simulation et résultats

- **Simulation**

On considère un robot manipulateur **[10]** à deux bras de masses m_1, m_2 (kg), de longueur l_1, l_2 (m), d'angles q_1, q_2 (rad) et couples τ_1, τ_2 (N.m). m_2 est un paramètre inconnu constant.

$M(q).\ddot{q} + C(q,\dot{q}).\dot{q} + G(q) = \tau$ et $\theta = m_2$

$$M(q) = \begin{bmatrix} M_{11} & M_{12} \\ M_{21} & M_{22} \end{bmatrix}$$

avec :

$$M_{11} = m_2.l_2^2 + 2.m_2.l_1.l_2.\cos(q_2) + (m_1 + m_2).l_1^2$$

$$M_{12} = m_2.l_2^2 + m_2.l_1.l_2.\cos(q_2)$$

$$M_{21} = M_{12}$$

$$M_{22} = m_2.l_2^2$$

$$C(q) = \begin{bmatrix} C_{11} & C_{12} \\ C_{21} & C_{22} \end{bmatrix}$$

$$C_{11} = -2.m_2.l_1 l_2 \sin(q_2).\dot{q}_2$$

$$C_{12} = -m_2.l_1 l_2 \sin(q_2).\dot{q}_2$$

$$C_{21} = m_2.l_1 l_2 \sin(q_2).\dot{q}_1$$

$$C_{22} = 0$$

Les termes du vecteur des actions de gravité sont :

$$g_1 = m_2 l_2.g.\cos(q_1 + q_2) + (m_1 + m_2).l_1.g.\cos(q_1)$$

$$g_2 = m_2 l_2.g.\cos(q_1 + q_2)$$

On définit G(q) tel que :

$$G(q) = \begin{bmatrix} g_1 \\ g_2 \end{bmatrix}$$

Avec les notations suivantes $c_2=\cos(q_2)$, $s_2=\sin(q_2)$ et $c_{12}=\cos(q_1+q_2)$, on peut déduire les fonctions représentatives suivantes :

$$\varphi^T(q,\dot{q},\ddot{q}) = \begin{bmatrix} (l_2^2 + 2.l_1 l_2 c_2 + l_1^2).\ddot{q}_1 + (l_2^2 + l_1 l_2 c_2).\ddot{q}_2 - (2 l_1 l_2 s_2 \dot{q}_1 \dot{q}_2 + l_1 l_2 s_2 \dot{q}_2^2) + (l_2.g.c_{12} + l_1.g.c_1) \\ (l_2^2 + l_1 l_2 c_2).\ddot{q}_1 + l_2^2.\ddot{q}_2 + l_1 l_2 s_2 \dot{q}_1^2 + l_2.g.c_{12} \end{bmatrix}$$

$$\psi(t) = \hat{M}(q(t))^{-1}.\left[\tau(t) - \hat{C}(q(t),\hat{x}_1(t)).\hat{x}_1(t) - \hat{G}(q(t))\right]$$

$$\hat{M}(q)=\begin{bmatrix}\hat{\theta}.l_2^2+2.\hat{\theta}.l_1.l_2.c_2+\left(m_1+\hat{\theta}\right)l_1^2 & \hat{\theta}.l_2^2+\hat{\theta}.l_1.l_2.c_2\\ \hat{\theta}.l_2^2+\hat{\theta}.l_1.l_2.c_2 & \hat{\theta}.l_2^2\end{bmatrix}$$

$$\hat{C}(q,\hat{x}_1)=\begin{bmatrix}-2.\hat{\theta}.l_1l_2s_2.\hat{x}_{12} & -\hat{\theta}.l_1l_2s_2.\hat{x}_{12}\\ \hat{\theta}.l_1l_2s_2.\hat{x}_{11} & 0\end{bmatrix}$$

$$\hat{G}(q)=\begin{bmatrix}\hat{\theta}l_2.g.c_{12}+(m_1+\hat{\theta}).l_1.g.c_1\\ \hat{\theta}l_2.g.c_{12}\end{bmatrix}$$

$$x_1=\begin{pmatrix}x_{11}\\ x_{12}\end{pmatrix}=\begin{pmatrix}\dot{q}_1\\ \dot{q}_2\end{pmatrix},\ \psi=\begin{pmatrix}\psi_1\\ \psi_2\end{pmatrix}$$

$$\varphi^T\left(q,\hat{x}_1,\psi\right)=\begin{bmatrix}(l_2^2+2.l_1l_2c_2+l_1^2).\psi_1+(l_2^2+l_1l_2c_2).\psi_2-(2l_1l_2s_2\,\hat{x}_{11}.\hat{x}_{12}+l_1l_2s_2.\hat{x}_{12}^2)+(l_2.g.c_{12}+l_1.g.c_1)\\ (l_2^2+l_1l_2c_2).\psi_1+l_2^2.\psi_2+l_1l_2s_2.\hat{x}_{11}^2+l_2.g.c_{12}\end{bmatrix}$$

- **Résultats de simulation**

m_1=1kg ; m_2=1.5kg ; l_1=1m ; l_2=1m ; K=5.I ; Γ=0.1 ; d_i=0.1 (i=1,...4) ; C_1=2.I ; C_2=2.I ; $q(0)=[0\ 0]^T$rad ; $q_d=[-\pi/4\ \ \pi/4]^T$; $\dot{q}(0)=[0\ 0]^T$rad/s ; $\hat{x}_1(0)=[1\ 1]^T$rad/s ; $\hat{\theta}(0)=0.7$ kg

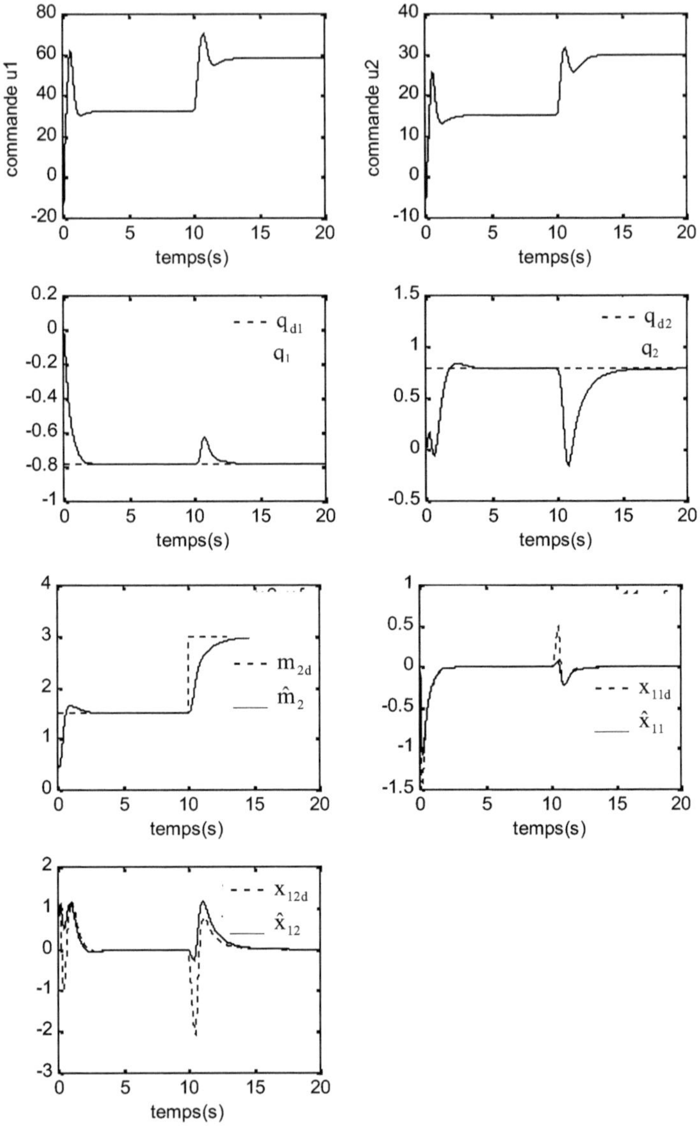

Figure III.3 : Résultats de simulation d'une commande adaptative backstepping d'un robot manipulateur avec observateur

III.6 Commande backstepping d'un robot mobile

III.6.1 Introduction

Contrairement au robot industriel qui est généralement fixé, le robot mobile est doté de moyens de perceptions qui lui permettent de se déplacer dans son espace de travail. Suivant son degré d'autonomie ou degré d'intelligence, il peut être doté de moyens de perception et de raisonnement. Certains sont capables, sous contrôle humain réduit, de modéliser leur espace de travail et de planifier un chemin dans un environnement qu'ils ne connaissent pas forcément d'avance.**[14]**

III.6.2 Architecture des robots mobiles

En général un robot mobile est constitué de trois structures :

- **Structure mécanique** : elle assure le mouvement du robot par des roues motrices placées selon le type de mouvement et la précision de la tâche voulue.
- **Structure instrumentale** : un robot est équipé d'un certain nombre de capteurs de sécurité afin de lui donner une certaine connaissance de l'environnement. Selon l'application, les capteurs peuvent être :

  - des systèmes de vision.
  - un télémètre laser.
  - un télémètre ultrasonore.
  - un télémètre optique.
  - des capteurs tactiles de sécurité.

- **Structure informatique** : une commande numérique est impérative, afin de bien analyser les différentes informations, soit du système de perception ou de localisation. Cette commande peut être à base d'un microprocesseur ou microcontrôleur.

III.6.3 Modèle dynamique du robot mobile

Pour cette étude, nous avons pris comme modèle de robot un modèle à trois roues dont deux motrices et une folle. Ce type est très utilisé dans les laboratoires de robotique et dans l'industrie. De plus, son étude est simple et peut être généralisée sur d'autres types de robots à roues.

Parmi les caractéristiques géométriques et mécaniques nous citons :

- Il s'agit d'un robot mobile rectangulaire tricycle.
- Deux roues motrices dont la direction reste fixe par rapport au robot mobile.
- Une roue d'orientation (roue folle), totalement libre. Le changement de direction est ainsi obtenu par la différence de vitesse des deux roues motrices.

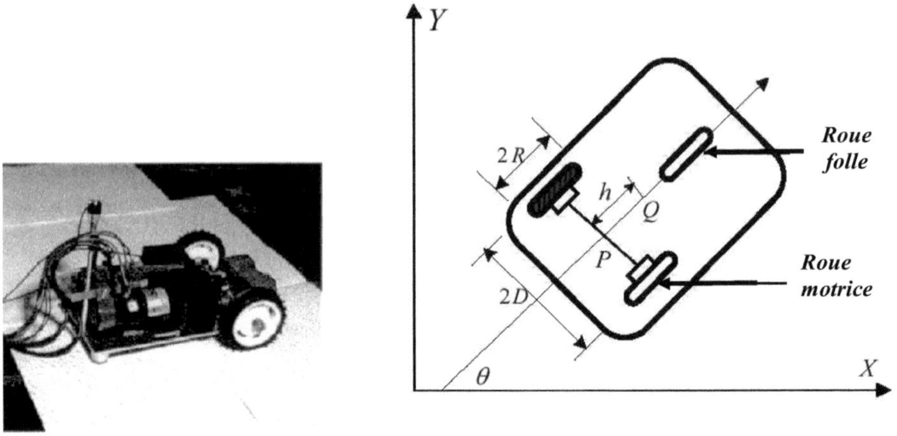

Fig.III.4 : Schéma représentatif du robot mobile

Le modèle dynamique du robot δ(2,0) choisi **[6**

$$\begin{aligned} \dot{q} &= S(q).v \\ H.\ddot{v} + B.\dot{v} + K.v &= U \end{aligned} \qquad \text{(III.30)}$$

avec :

$$S(q) = \begin{bmatrix} \cos\theta & -h.\sin\theta \\ \sin\theta & h.\cos\theta \\ 0 & 1 \end{bmatrix}$$

$$H = \frac{R.1}{2.D.\beta.k_T}\begin{bmatrix} m.D & I_0 \\ m.D & -I_0 \end{bmatrix}, B = \frac{R.r}{2.D.\beta.k_T}\begin{bmatrix} m.D & I_0 \\ m.D & -I_0 \end{bmatrix}, K = \frac{k_e.\beta}{R}\begin{bmatrix} 1 & D \\ 1 & -D \end{bmatrix}$$

$q = [x,y,\theta]^T$,

m : la masse du robot,

I_0 : inertie,

R,D,h, θ : voir figure (III.4),

l : inductance du moteur,

r : résistance d'armature du moteur,

k_e : Coefficient du moteur,

U : tension d'entrée,

β : rapport de réduction,

k_T : constante du couple moteur.

III.6.4 Etude des variables de sortie basée sur la technique backstepping

- **Déduction du modèle appliqué**

Dans le but d'appliquer la commande adaptative par la technique backstepping, on préfère séparer les paramètres inconnus des fonctions connues. Pour réaliser cela, les changements de variables suivants seront adoptés.

$$H_1 = \begin{bmatrix} 1/m & 1/m \\ D/I_0 & -D/I_0 \end{bmatrix}, B_1 = \begin{bmatrix} 1 & 0 \\ 0 & 1 \end{bmatrix}, \Phi_1 = \frac{k_T.\beta}{1.R}, \Phi_2 = \frac{2.k_e.k_T.\beta^2}{1.R^2}, \Phi_3 = \frac{r}{1}$$

Avec quelques opérations mathématiques, on trouves les expressions suivantes :

$$H^{-1} = \Phi_1.H_1, \quad H^{-1}.K = \Phi_2.K_1, \quad H^{-1}.B = \Phi_3.B_1$$

ce qui permet d'avoir la représentation d'état suivante :

$$\begin{aligned} \dot{q} &= S(q).v \\ \dot{v} &= W \\ \dot{W} &= \Phi_1.H_1.U - \Phi_2.K_1.v - \Phi_3.B_1.W \end{aligned} \qquad \text{(III.31)}$$

tel que $q=[x,y,\theta]^T$, W variable intermédiaire qui satisfait $W = [w_1 \quad w_2]^T = \dot{v}$ et $v = [v_1 \quad v_2]^T$

On prend la position centre du système robot comme entrée :

$$Y = \begin{bmatrix} y_1 \\ y_2 \end{bmatrix} = \begin{bmatrix} x + h.\cos\theta \\ y + h.\sin\theta \end{bmatrix} \text{ avec } h \neq 0 \qquad \text{(III.32)}$$

et les dérivées de l'équation (III.32) auront les expressions suivantes :

$$\dot{Y} = D_1(\theta).v$$
$$\ddot{Y} = D_2(\theta).v_2.v + D_1(\theta).W \qquad \text{(III.33)}$$
$$\dddot{Y} = \left[D_2(\theta).w_2 - D_1(\theta).v_2^2\right]v + 2.D_2(\theta).v_2.W + D_1(\theta).[\Phi_1.H_1.U - \Phi_2.K_1.v - \Phi_3.B_1.W]$$

avec :

$$D_1(\theta) = \begin{bmatrix} \cos\theta & -h.\sin\theta \\ \sin\theta & h.\cos\theta \end{bmatrix}, \quad D_2(\theta) = \begin{bmatrix} -\sin\theta & -h.\cos\theta \\ \cos\theta & -h.\sin\theta \end{bmatrix}$$

Admettant que :

$$P = \left[D_2(\theta).w_2 - D_1(\theta).v_2^2\right]v + 2.D_2(\theta).v_2.W \qquad \text{(III.34)}$$

alors, l'équation (III.33) devient :

$$\dddot{Y} = P + D_1(\theta).[\Phi_1.H_1.U - \Phi_2.K_1.v - \Phi_3.B_1.W] \qquad \text{(III.35)}$$

Soit le changement de variables suivant :

$X_1 = Y,\ X_2 = \dot{Y},\ X_2 = \ddot{Y}$

alors, la variable de sortie satisfait le système d'équations dynamique :

$$\dot{X}_1 = X_2$$
$$\dot{X}_2 = X_3 \qquad \text{(III.36)}$$
$$\dot{X}_3 = P + D_1(\theta).[\Phi_1.H_1.U - \Phi_2.K_1.v - \Phi_3.B_1.W]$$

➢ **Etude des variables de sortie basée sur le backstepping**

L'objectif principal dans ce qui suit, est d'atteindre la position désirée $X_d = [y_{1d} \quad y_{2d}]^T$ en appliquant la procédure backstepping.

D'abord, on définit les erreurs variables :

$$Z_1 = X_1 - X_d$$
$$Z_2 = X_2 - \dot{X}_d - \alpha_1 \qquad \text{(III.37)}$$
$$Z_3 = X_3 - \ddot{X}_d - \alpha_2$$

tel que α_1 et α_2 deux fonctions stabilisantes.

La dynamique des erreurs est explicitée par :

$$\begin{aligned} \dot{Z}_1 &= \dot{X}_1 - \dot{X}_d = X_2 - \dot{X}_d = Z_2 + \alpha_1 \\ \dot{Z}_2 &= \dot{X}_2 - \ddot{X}_d - \dot{\alpha}_1 = X_3 - \ddot{X}_d - \dot{\alpha}_1 = Z_3 + \alpha_2 - \dot{\alpha}_1 \\ \dot{Z}_3 &= \dot{X}_3 - \dddot{X}_d - \dot{\alpha}_2 \\ &= P + D_1(\theta).[\Phi_1.H_1.U - \Phi_2.K_1.\nu - \Phi_3.B_1.W] - \dddot{X}_d - \dot{\alpha}_2 \end{aligned} \tag{III.38}$$

Etape 1

La fonction de Lyapunov est décrite par :

$$V_1 = \frac{1}{2} Z_1^T.Z_1 + \frac{1}{2}.\sum_{i=1}^{3} \frac{1}{\gamma_i} \left(\Phi_i - \hat{\Phi}_i\right)^2 \tag{III.39}$$

Sa dérivée est de la forme :

$$\begin{aligned} \dot{V}_1 &= Z_1^T.\dot{Z}_1 + \sum_{i=1}^{3} \frac{1}{\gamma_i} \left[-\dot{\hat{\Phi}}_i \left(\Phi_i - \hat{\Phi}_i\right) \right] \\ &= Z_1^T.(Z_2 + \alpha_1) + \sum_{i=1}^{3} \frac{1}{\gamma_i} \left[-\dot{\hat{\Phi}}_i \left(\Phi_i - \hat{\Phi}_i\right) \right] \end{aligned} \tag{III.40}$$

Avec le choix de la fonction stabilisante

$$\alpha_1 = -c_1.Z_1 \tag{III.41}$$

l'équation (III.40) aura la forme :

$$\begin{aligned} \dot{V}_1 &= Z_1^T.(Z_2 - c_1.Z_1) + \sum_{i=1}^{3} \frac{1}{\gamma_i} \left[-\dot{\hat{\Phi}}_i \left(\Phi_i - \hat{\Phi}_i\right) \right] \\ &= Z_1^T.Z_2 - c_1.Z_1^T.Z_1 + \sum_{i=1}^{3} \frac{1}{\gamma_i} \left[-\dot{\hat{\Phi}}_i \left(\Phi_i - \hat{\Phi}_i\right) \right] \end{aligned} \tag{III.42}$$

$$\begin{aligned} \dot{\alpha}_1 &= -c_1.\dot{Z}_1 \\ &= -c_1.(\dot{X}_1 - \dot{X}_d) \\ &= -c_1.(Z_2 + \alpha_1) \end{aligned} \tag{III.43}$$

Etape 2

La deuxième fonction de Lyapunov étant définie par :

$$V_2 = V_1 + \frac{1}{2} Z_2^T.Z_2 \tag{III.44}$$

sa fonction dérivée est explicitée par :

$$\begin{aligned} \dot{V}_2 &= \dot{V}_1 + Z_2^T.\dot{Z}_2 \\ &= Z_1^T.Z_2 - c_1.Z_1^T.Z_1 + \sum_{i=1}^{3} \frac{1}{\gamma_i} \left[-\dot{\hat{\Phi}}_i \left(\Phi_i - \hat{\Phi}_i\right) \right] + Z_2^T.(Z_3 + \alpha_2 - \dot{\alpha}_1) \end{aligned} \tag{III.45}$$

Avec le choix de la deuxième fonction stabilisante :

$$\alpha_2 = -Z_1 - c_2.Z_2 + \dot{\alpha}_1 \tag{III.46}$$

l'équation (III.40) peut alors s'écrire :

$$\begin{aligned}\dot{V}_2 &= Z_1^T.Z_2 - c_1.Z_1^T.Z_1 + \sum_{i=1}^{3}\frac{1}{\gamma_i}\left[-\dot{\hat{\Phi}}_i\left(\Phi_i - \hat{\Phi}_i\right)\right] + Z_2^T.(Z_3 - Z_1 - c_2.Z_2)\\ &= -c_1.Z_1^T.Z_1 - c_2.Z_2^T.Z_2 + Z_2^T.Z_3 + \sum_{i=1}^{3}\frac{1}{\gamma_i}\left[-\dot{\hat{\Phi}}_i\left(\Phi_i - \hat{\Phi}_i\right)\right]\end{aligned} \tag{III.47}$$

La dérivée de l'expression (III.46) est donnée sous forme :

$$\begin{aligned}\dot{\alpha}_2 &= -\dot{Z}_1 - c_2.\dot{Z}_2 + \ddot{\alpha}_1\\ &= -\left(c_1^2 - 1\right)\left(Z_2 - c_1.Z_1\right) - \left(c_1 + c_2\right)\left(Z_3 - Z_1 - c_2.Z_2\right)\end{aligned} \tag{III.48}$$

Etape 3

La troisième fonction de Lyapunov V_3 aura l'expression :

$$V_3 = V_2 + \frac{1}{2}Z_3^T.Z_3 \tag{III.49}$$

ce qui permet d'écrire sa fonction dérivée suivante :

$$\begin{aligned}\dot{V}_3 &= \dot{V}_2 + Z_3^T.\dot{Z}_3\\ &= -c_1.Z_1^T.Z_1 - c_2.Z_2^T.Z_2 + Z_2^T.Z_3 + \sum_{i=1}^{3}\frac{1}{\gamma_i}\left[-\dot{\hat{\Phi}}_i\left(\Phi_i - \hat{\Phi}_i\right)\right]\\ &\quad + Z_3^T.\left[P + D_1(\theta).\left[\Phi_1.H_1.U - \Phi_2.K_1.v - \Phi_3.B_1.W\right] - \ddot{X}_d - \dot{\alpha}_2\right]\\ &= -c_1.Z_1^T.Z_1 - c_2.Z_2^T.Z_2 + Z_2^T.Z_3 + Z_3^T.\left[P + D_1(\theta).\left[\hat{\Phi}_1.H_1.U - \hat{\Phi}_2.K_1.v - \hat{\Phi}_3.B_1.W\right] - \ddot{X}_d - \dot{\alpha}_2\right]\\ &\quad + \frac{1}{\gamma_1}\left(\Phi_1 - \hat{\Phi}_1\right)\left(-\dot{\hat{\Phi}}_1 + \gamma_1.Z_3^T.D_1.H_1.U\right)\\ &\quad + \frac{1}{\gamma_2}\left(\Phi_2 - \hat{\Phi}_2\right)\left(-\dot{\hat{\Phi}}_2 - \gamma_2.Z_3^T.D_1.K_1.v\right)\\ &\quad + \frac{1}{\gamma_3}\left(\Phi_3 - \hat{\Phi}_3\right)\left(-\dot{\hat{\Phi}}_3 - \gamma_3.Z_3^T.D_1.B_1.W\right)\end{aligned} \tag{III.50}$$

En tenant compte de l'équation (III.43), la fonction stabilisante s'écrit :

$$\begin{aligned}\alpha_2 &= -Z_1 - c_2.Z_2 + \dot{\alpha}_1\\ &= -Z_1 - c_2.Z_2 - c_1\left(Z_2 + \alpha_1\right)\end{aligned} \tag{III.51}$$

Lois de commande

A partir de la dernière expression de la fonction dérivée de Lyapunov, on peut déduire :

$$U = \frac{1}{\hat{\Phi}_1}.H_1^{-1}.\left[D_1(\theta)^{-1}.\left(-c_3 Z_3 - P + \dddot{X}_d + \dot{\alpha}_2\right) + \hat{\Phi}_2.K_1.\nu + \hat{\Phi}_3.B_1.W\right] \qquad \text{(III.52)}$$

Lois de mise à jour des paramètres

On peut exprimer les lois de mise à jour des paramètres comme suit :

$$\dot{\hat{\Phi}}_1 = +\gamma_1.Z_3^T.D_1.H_1.U \qquad \text{(III.53)}$$

$$\dot{\hat{\Phi}}_2 = -\gamma_2.Z_3^T.D_1.K_1.\nu \qquad \text{(III.54)}$$

$$\dot{\hat{\Phi}}_3 = -\gamma_3.Z_3^T.D_1.B_1.W \qquad \text{(III.55)}$$

ce qui permet d'avoir la fonction dérivée de Lyapunov suivante :

$$\dot{V}_3 = -c_1.Z_1^T.Z_1 - -c_2.Z_2^T.Z_2 - -c_3.Z_3^T.Z_3 < 0 \qquad \text{(III.56)}$$

alors, le système converge vers zéro et atteint sa stabilité.

Résultats de simulation

$h=0.4m$; $q=[0;0;0]$; $m=1kg$ $D=0.5m$ $I_0=1.6$ $kg.m^2$; $R=0.1m$; $l=0.0140$ H; $r=0.5352\Omega$; $k_e=0.1$; $\beta=0.1$; $k_T=1.3610$ m.N ; $c_1=1.2$; $c_2=1.2$; $c_3=1.2$; $\gamma_1=0.001$; $\gamma_2=0.001$; $\gamma_3=0.001$; $Y_1=[0\ 0]^T$;$Y_2=[0\ 0]^T$;$Y_3=[0\ 0]^T$;

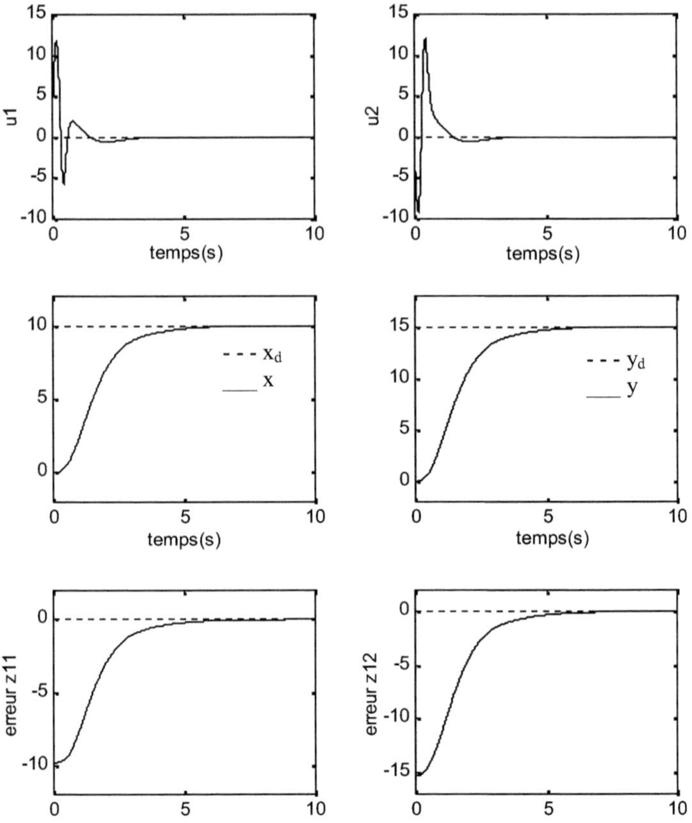

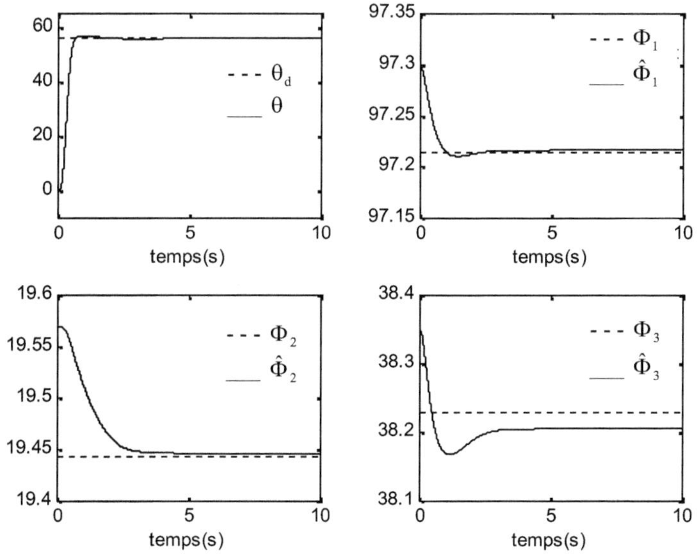

Figure III.5 : Résultats de simulation d'une commande adaptative d'un robot mobile par backstepping

III.7 Conclusion

Dans ce chapitre, l'application de la technique de commande adaptative avec backstepping aux robots montre son efficacité, soit pour le robot manipulateur à deux degrés de liberté ou pour le robot mobile, le seul problème de cette technique réside dans l'utilisation de l'adaptation de la méthode d'intégration de l'observateur.

Concernant l'adaptation, il est difficile de trouver la forme triangulaire qui sépare les paramètres à estimer des non-linéarités. De même, pour le robot à deux degrés de liberté on a changé la méthode de choix de l'observateur puisqu'on n'a pas pu satisfaire les conditions d'implémentation.

Pour conclure, on peut dire qu'il sera très difficile de trouver une méthode générique de commande backstepping qui s'applique à tout type de système non linéaire.

4$^{\underline{ème}}$ Chapitre

APPLICATION DE LA COMMANDE ADAPTATIVE « BACKSTEPPING » POUR LES MOTEURS ELECTRIQUES

IV.1 Machine à réluctance variable (VRM)

Il s'agit d'un moteur qui comporte un rotor à encoches se positionnant dans la direction de la plus faible réluctance (la réluctance est le quotient de la force magnétomotrice d'un circuit magnétique par le flux d'induction qui le traverse) : ce rotor, en fer doux, comporte moins de dents qu'il n'y a de pôles au stator.

Le fonctionnement du moteur est assuré par un pilotage du type unipolaire et l'avance du rotor est obtenue en excitant tour à tour une paire de pôles du stator.

Dans un circuit magnétique le flux cherche à être maximal en empruntant le circuit de moindre réluctance.

Un moteur à réluctance variable possède un rotor en acier doux non magnétique. Ce rotor est constitué d'un nombre de pôles supérieurs à celui du stator.

Il n'y a pas d'aimant permanent dans un moteur à réluctance variable. Ainsi, le rotor tourne librement sans torque résiduel. Ce type de moteur est souvent utilisé dans des applications de petite taille, comme pour des tables de micro-positionnement. Ils ne sont pas sensibles à la polarité du courant et requièrent un contrôle différent des autres types de moteurs.

IV.1.1 Introduction

Cette partie présente l'application de la commande adaptative « backstepping » sur le moteur à réluctance variable (VRM). Ce dernier va être modélisé par un système d'équations afin de mettre en œuvre la technique de commande adoptée.

IV.1.2 Modèle du moteur

Le moteur à réluctance variable est un système contenant relativement quelques non-linéarités compliquées, il peut être commandé soit en courant ou en tension, et cela va dépendre de l'entrée du système. Le moteur adopté est caractérisé par huit pôles et trois phases (L=3), sa dynamique s'exprime par la variation de la position et la vitesse du moteur et elle est décrite par **[15,23]** :

$$
\begin{aligned}
\dot{x}_1 &= x_2 \\
\dot{x}_2 &= T_l(x_1, x_2) + \sum_{i=1}^{L} T_i(x_1, u_i) \\
\dot{u}_i &= f_i(x_1, u_i).\begin{bmatrix} x_2 \\ u_i \end{bmatrix} + g_i(x_1, u_i).v_i
\end{aligned}
\qquad \text{(IV.1)}
$$

tel que :

i : l'indice d'une bobine ($1 \le i \le L$),

x_1 : position du moteur,

x_2 : vitesse du moteur,

u_i : courant de la bobine i,

v_i : tension liée à la bobine i,

T_l : couple de charge,

$T_i(x_1,u_i)$: couple de commande.

La fonction T_l est la somme de deux termes, l'un est la gravitation qui dépend de la position du moteur et l'autre est lié à la vitesse du moteur. Le terme de gravitation est proportionnel à $-\sin(x_1)$, et l'autre est proportionnel à x_2, donc on peut choisir les coefficients inconnus $\theta_{l,1}$ et $\theta_{l,2}$ et déduire l'expression suivante :

$$T_l(x_1, x_2) = -\theta_{l,1}.\sin(x_1) + \theta_{l,2}.x_2 \qquad \text{(IV.2)}$$

Le signe du couple de commande $T_i(x_1,u_i)$ est attaché à la position du moteur et son amplitude maximale dépend du courant.

Chaque couple $T_i(x_1,u_i)$ possède la même forme, mais sa dépendance de la position se différencie par $2.\pi / L$ radians de la bobine adjacente. En conséquence, le choix de chaque courant constant $\overline{u}$ peut avoir l'expression suivante :

$$T_1(x_1, \overline{u}) = T_2(x_1 - \frac{2.\pi}{3}, \overline{u}) = T_3(x_1 - 2.\frac{2.\pi}{3}, \overline{u}) \qquad \text{(IV.3)}$$

$T_1(x_1, \overline{u})$ représente les différentes valeurs de courant $\overline{u}$ et position x_1. Donc, on peut dire que, pour deux différentes valeurs constantes de courant $\overline{u}_1$ et $\overline{u}_2$, la fonction $T_1(x_1, \overline{u}_1)$ possède la même forme que $T_1(x_1, \overline{u}_2)$ $\forall$ $x_1 \in R$, ce qui permet d'admettre que le courant et la position peuvent être découplés. Quand on considère une certaine position $\overline{x}_1$ du moteur et deux courants, avec $\overline{u}_1 < \overline{u}_2$, le couple satisfait toujours la relation :

$$|T_1(\overline{x}_1,\overline{u}_1)| < |T_1(\overline{x}_1,\overline{u}_2)| \tag{IV.4}$$

Afin de modéliser le couple, on est amené à admettre que $T_i(x_1,u_i)$ est un produit de deux fonctions $T_i(x_1,u_i)=f_i(x_1).g(u)$, $f_i(x_1)$ est liée à la position et $g(u) = B_M^T(u_i).\theta_{u,M}$ est une fonction du courant.**[24]**

avec :

$B_M(u_i): R \rightarrow R^n$ vecteur de variables,

et $\theta_{u,M} \in R^M$ vecteur de paramètres.

Le développement de Fourier de la $i^{ème}$ bobine est donné par :

$$f_i(x_1) = \sum_{j=1}^{J} a_j . \sin\left(j.N_r.x_1 - i.\frac{2.\pi}{L} \right) \tag{IV.5}$$

avec N_r le nombre de pôles du moteur, j le nombre des termes de la série de Fourier et les a_j représentent les coefficients inconnus de Fourier.

Chaque couple de commande va être décrit par :

$$T_i(x_1, u_i) = \sum_{j=1}^{J} a_j . \sin\left(j.N_r.x_1 - i.\frac{2.\pi}{L} \right).B_M^T(u_i).\theta_{u,M} \tag{IV.6}$$

Admettant que $T_i(x_1, u_i)$ soit modelé par $\sigma_i(x_1).B^T(u_i)$ et T_l soit modelé par $\sigma_1(x).\theta_1$, le modèle final proposé pour notre système s'écrit alors de la forme :

$$\begin{aligned} \dot{x}_1 &= x_2 \\ \dot{x}_2 &= \sigma_1(x).\theta_1 + \left(\sum_{i=1}^{L} \sigma_i(x_1).B^T(u_i) \right).\theta_u \end{aligned} \tag{IV.7}$$

avec :

$\theta_1 \in R^2, \theta_1 = [\theta_{1,1} \quad \theta_{1,2}].$

$$\sigma_1(x) = [-\sin(x_1) \quad x_2] \tag{IV.8}$$

$$\sigma_i(x_1) = \left[\sin\left(N_r.x_1 - i.\frac{2.\pi}{L}\right) \quad \sin\left(2.N_r.x_1 - i.\frac{2.\pi}{L}\right) \quad \ldots\ldots\ldots\ldots \quad \sin\left(J.N_r.x_1 - i.\frac{2.\pi}{L}\right) \right] \tag{IV.9}$$

$$B(u_i) = \begin{bmatrix} B_M(u_i) & 0 & \ldots & 0 \\ 0 & B_M(u_i) & \ldots & 0 \\ \vdots & & \ddots & \\ 0 & 0 & \ldots & B_M(u_i) \end{bmatrix} \tag{IV.10}$$

$$\theta_u^{\ T} = \left[a_1.\theta_{u,M}^{\ T} \quad a_2.\theta_{u,M}^{\ T} \quad \ldots \quad a_j.\theta_{u,M}^{\ T}\right] \tag{IV.11}$$

$\sigma_i(x_1) : R \rightarrow R^{1xj}, B(u_i) : R \rightarrow R^{(j.M)xj}$ et $\theta_u \in R^{(j.M)x1}$.

Les non-linéarités du couple de commande sont données par :

$$\sigma_i(x_1).B^T(u_i) = \begin{bmatrix} \sin\left(N_r.x_1 - i.\frac{2.\pi}{L}\right).B_M(u_i) \\ \sin\left(2.N_r.x_1 - i.\frac{2.\pi}{L}\right).B_M(u_i) \\ \vdots \\ \sin\left(j.N_r.x_1 - i.\frac{2.\pi}{L}\right).B_M(u_i) \end{bmatrix}^T \tag{IV.12}$$

IV.1.3. Développement et procédure de la commande

IV.1.3.1. Commande adaptative d'un VRM avec backstepping

En utilisant le modèle précédent du VRM et en appliquant la procédure du backstepping on peut expliciter les étapes suivantes :

➢ **Etape 1**

Soit le changement de variables suivant :

$$z_1 = x_1 - y_r \qquad \text{(IV.13)}$$

$$z_2 = x_2 - \dot{y}_r - \alpha_1 \qquad \text{(IV.14)}$$

La première fonction de Lyapunov

$$V_1 = \frac{1}{2} z_1^2 \qquad \text{(IV.15)}$$

Avec un choix de la première fonction stabilisante $\alpha_1 = -c_1 z_1$ on trouve $\dot{V}_1 = -c_1 z_1^2 + z_1 . z_2$

➢ **Etape 2**

La deuxième fonction de Lyapunov aura l'expression :

$$V_2 = V_1 + \frac{1}{2} z_1^2 + \frac{1}{2.g_l} \tilde{\theta}_l^T . \tilde{\theta}_l + \frac{1}{2.g_u} \tilde{\theta}_u^T . \tilde{\theta}_u \qquad \text{(IV.16)}$$

on a alors :

$$\dot{V}_2 = -c_1 z_1^2 + z_2 (z_1 + \dot{z}_2) + \tilde{\theta}_l \left(-\frac{1}{g_l} \dot{\hat{\theta}}_l \right) + \tilde{\theta}_u^T \left(-\frac{1}{g_u} \dot{\hat{\theta}}_u \right) \qquad \text{(IV.17)}$$

et le terme $(z_1 + \dot{z}_2)$ peut être développé de la manière suivante :

$$\begin{aligned}(z_1 + \dot{z}_2) &= z_1 + \dot{x}_2 - \ddot{y}_r - \dot{\alpha}_1 \\ &= z_1 + \sigma_l(x).\theta_l + \left(\sum_{i=1}^{L} \sigma_i(x_1).B^T(u_i) \right).\theta_u - \ddot{y}_r - \frac{\partial \alpha_1}{\partial x_1}.\dot{x}_1 - \frac{\partial \alpha_1}{\partial y_r} \dot{y}_r \\ &= z_1 + \sigma_l(x).\hat{\theta}_l + \sigma_l(x).\tilde{\theta}_l + \left(\sum_{i=1}^{L} \sigma_i(x_1).B^T(u_i) \right).\hat{\theta}_u + \left(\sum_{i=1}^{L} \sigma_i(x_1).B^T(u_i) \right).\tilde{\theta}_u - \ddot{y}_r + c_1 x_2 - c_1 \dot{y}_r\end{aligned}$$

(IV.18)

Pour la clarté des notations, on définit $\alpha_2 = \left(\sum_{i=1}^{L} \sigma_i(x_1).B^T(u_i) \right).\hat{\theta}_u$. Le choix des commandes u_i repose sur l'admission de la fonction stabilisante suivante :

$$\alpha_2 = -c_2 z_2 - \{z_1 + \sigma_1(x).\hat{\theta}_1 - \ddot{y}_r + c_1 x_2 - c_1 \dot{y}_r\} \tag{IV.19}$$

ce qui permet d'écrire l'expression (IV.17) sous forme :

$$\dot{V}_2 = -c_1 z_1^2 - c_2 z_2^2 + \tilde{\theta}_1^T\left(z_2 \sigma_1^T(x) - \frac{1}{g_1}\dot{\hat{\theta}}_1\right) + \tilde{\theta}_u^T\left(z_2\left(\sum_{i=1}^{L}\sigma_i(x_1).B(u_i)\right) - \frac{1}{g_u}\dot{\hat{\theta}}_u\right) \tag{IV.20}$$

et déduire la loi de commande et les lois d'adaptation des paramètres inconnus :

$$\left(\sum_{i=1}^{L}\sigma_i(x_1).B^T(u_i)\right).\hat{\theta}_u = \alpha_2 = -c_2 z_2 - \{z_1 + \sigma_1(x).\hat{\theta}_1 - \ddot{y}_r + c_1 x_2 - c_1 \dot{y}_r\} \tag{IV.21}$$

$$\begin{aligned} \dot{\hat{\theta}}_1 &= g_1.z_2\sigma_1^T(x) \\ \dot{\hat{\theta}}_u &= g_u.z_2\left(\sum \sigma_i(x_1).B(u_i)\right) \end{aligned} \tag{IV.22}$$

La dérivée de la fonction de Lyapunov aura donc l'expression suivante :

$$\dot{V}_2 = -c_1 z_1^2 - c_2 z_2^2 \tag{IV.23}$$

ce qui implique la stabilité asymptotique de l'erreur z du système.

IV.1.3.2. Commande adaptative backstepping d'un VRM avec observateur

➢ **Modèle**

Cette étape consiste à définir le modèle utilisé pour ce type de commande. Dans ce cas, la fonction $\sigma_1(x)$ va contenir seulement la variable y qui représente la position connue x_1 du moteur, par contre l'autre terme sera ignoré. Alors le modèle conçu est le suivant :

$$\begin{aligned} \dot{x}_1 &= x_2 \\ \dot{x}_2 &= \sigma_1(y).\theta_1 + \left(\sum_{i=1}^{L}\sigma_i(x_1).B^T(u_i)\right).\theta_u \\ y &= x_1 \end{aligned} \tag{IV.24}$$

tel que $\sigma_1(y)$ étant définie par $\sigma_1(y) = -\sin(y)$.

➢ **Observateur**

On considère l'observateur de la forme :

$$\hat{x} = \zeta(t) + \lambda(t).\theta_1 + \upsilon(t).\theta_u \tag{IV.25}$$

avec $\zeta \in R^2$, $\lambda \in R^2$, $\nu \in R^{2xM}$ les filtres utilisés.

On peut déduire les expressions suivantes en se référant au deuxième chapitre :

$$\dot{\zeta}(t) = A.\zeta - K.\zeta_1 + K.y \tag{IV.26}$$

$$\dot{\lambda} = A.\lambda - K.\lambda_1 + \begin{bmatrix} 0 \\ \sigma_1(y) \end{bmatrix} \tag{IV.27}$$

$$\dot{\upsilon} = A.\upsilon - K.\upsilon_1 + \begin{bmatrix} 0 \\ \sum_{i=1}^{L} \sigma_i(x_1).B^T(u_i) \end{bmatrix} \tag{IV.28}$$

tel que :

$A=\begin{bmatrix} 0 & 1 \\ 0 & 0 \end{bmatrix}$ et $K=\begin{bmatrix} k_1 \\ k_2 \end{bmatrix}$

En tenant compte des équations (IV.24), (IV.26) et (IV.28), la dynamique de l'erreur de l'observateur prend la forme suivante :

$$\begin{aligned} \dot{\varepsilon} &= \dot{x} - \dot{\hat{x}} \\ &= \dot{x} - \left(A.(\zeta + \lambda.\theta_1 + \upsilon.\theta_u) + K.(y - (\zeta_1 + \lambda_1.\theta_1 + \upsilon_1.\theta_u)) + \begin{bmatrix} 0 \\ \sigma_1(y) \end{bmatrix}.\theta_1 + \begin{bmatrix} 0 \\ \sum_{i=1}^{L} \sigma_i(x_1).B^T(u_i) \end{bmatrix}.\theta_u \right) \end{aligned} \tag{IV.29}$$

Si on remplace $\dot{x}$ dans la relation (IV.29) on trouve :

$$\begin{aligned} \dot{\varepsilon} &= A.x - (A.(\zeta + \lambda.\theta + \upsilon.\theta_u) + K.(y - (\zeta_1 + \lambda_1.\theta_1 + \upsilon_1.\theta_u))) \\ &= A.x - A.\hat{x} - K.(x_1 - \hat{x}_1) \\ &= A.\varepsilon - K.\varepsilon_1 \end{aligned} \tag{IV.30}$$

Avec : $A=\begin{bmatrix} 0 & 1 \\ 0 & 0 \end{bmatrix}$, $\varepsilon = \begin{bmatrix} \varepsilon_1 \\ \varepsilon_2 \end{bmatrix}$ et $K=\begin{bmatrix} k_1 \\ k_2 \end{bmatrix}$

on aboutit à :

$$\dot{\varepsilon} = \begin{bmatrix} \varepsilon_2 - k_1.\varepsilon_1 \\ -k_2\varepsilon_1 \end{bmatrix} = A_0.\varepsilon \qquad \text{(IV.31)}$$

tel que $A_0 = \begin{bmatrix} -k_1 & 1 \\ -k_2 & 0 \end{bmatrix}$ et K est choisi de tel sorte que A_0 soit de Hurwitz (l'équation $s^2+k_1.s+k_2=0$ avec racines à parties réelles négatives).

➢ **Etape 1**

On adopte les transformations suivantes :

$$z_1 = y - y_r \qquad \text{(IV.32)}$$

$$z_2 = \upsilon_2.\hat{\theta}_u - \dot{y}_r - \alpha_1 \qquad \text{(IV.33)}$$

avec α_1 la commande virtuelle non définie jusqu'ici.

Sachant que cette première étape consiste à identifier la commande virtuelle, on choisit $P \in R^{2x2}$, $P>0$ et $P^T=P$ où $P.A_0+A_0^T.P= -I$. La première fonction de Lyapunov est définie par :

$$V_1 = \frac{1}{2}z_1^2 + \frac{1}{2.g_1}\tilde{\theta}_1^2 + \frac{1}{2.g_u}\tilde{\theta}_u^T.\tilde{\theta}_u + \frac{1}{d_1}\varepsilon^T.P.\varepsilon \qquad \text{(IV.34)}$$

La dérivée de cette dernière est donnée par :

$$\begin{aligned} \dot{V}_1 &= z_1.\dot{z}_1 + \tilde{\theta}_1\left(-\frac{1}{g_1}\dot{\hat{\theta}}_1\right) + \tilde{\theta}_u^T\left(-\frac{1}{g_u}\dot{\hat{\theta}}_u\right) - \frac{1}{d_1}\varepsilon^T.\varepsilon \\ &= z_1.(\dot{y} - \dot{y}_r) + \tilde{\theta}_1\left(-\frac{1}{g_1}\dot{\hat{\theta}}_1\right) + \tilde{\theta}_u^T\left(-\frac{1}{g_u}\dot{\hat{\theta}}_u\right) - \frac{1}{d_1}\varepsilon^T.\varepsilon \end{aligned} \qquad \text{(IV.35)}$$

Notons que :

$$\dot{y} = \dot{x}_1 = x_2 = \hat{x}_2 + \varepsilon_2 = \zeta_2(t) + \lambda_2(t).\theta_1 + \upsilon_2(t).\theta_u + \varepsilon_2 \qquad \text{(IV.36)}$$

on aura alors :

$$\begin{aligned} \dot{V}_1 &= z_1.\left(z_2 + \alpha_1 + \zeta_2 + \lambda_2.\hat{\theta}_1\right) + z_1.\varepsilon_2 + \tilde{\theta}_1\left(z_1.\lambda_2 - \frac{1}{g_1}\dot{\hat{\theta}}_1\right) \\ &+ \tilde{\theta}_u^T\left(z_1.\upsilon_2^T - \frac{1}{g_u}\dot{\hat{\theta}}_u\right) - \frac{1}{d_1}\varepsilon^T.\varepsilon \end{aligned} \qquad \text{(IV.37)}$$

On définit la première commande virtuelle :

$$\alpha_1 = -c_1 z_1 - d_1 z_1 - \left(\zeta_2 + \lambda_2 . \hat{\theta}_1\right) \tag{IV.38}$$

ce qui donne :

$$\begin{aligned}\dot{V}_1 &= -c_1 z_1^{\,2} + z_1 . z_2 - d_1 z_1^{\,2} + z_1 . \varepsilon_2 - \frac{1}{d_1}\varepsilon^T . \varepsilon + \widetilde{\theta}_1\left(z_1 . \lambda_2 - \frac{1}{g_1}\dot{\hat{\theta}}_1\right) + \widetilde{\theta}_u^{\,T}\left(z_1 . \upsilon_2^{\,T} - \frac{1}{g_u}\dot{\hat{\theta}}_u\right) \\ &\leq -c_1 z_1^{\,2} + z_1 . z_2 - \frac{3}{4.d_1}\varepsilon^T . \varepsilon + \widetilde{\theta}_1\left(z_1 . \lambda_2 - \frac{1}{g_1}\dot{\hat{\theta}}_1\right) + \widetilde{\theta}_u^{\,T}\left(z_1 . \upsilon_2^{\,T} - \frac{1}{g_u}\dot{\hat{\theta}}_u\right)\end{aligned} \tag{IV.39}$$

➢ **<u>Etape 2</u>**

La fonction de Lyapunov est donnée par :

$$V_2 = V_1 + \frac{1}{2} z_2^2 + \frac{1}{d_2}\varepsilon^T.P.\varepsilon \tag{IV.40}$$

et sa dérivée est alors :

$$\dot{V}_2 = \dot{V}_1 + z_2 . \dot{z}_2 - \frac{1}{d_2}\varepsilon^T . \varepsilon \tag{IV.41}$$

On peut déduire :

$$\dot{V}_2 \leq -c_1 z_1^{\,2} + z_2\left(z_1 + \dot{z}_2\right) - \frac{3}{4.d_1}\varepsilon^T.\varepsilon - \frac{1}{d_2}\varepsilon^T.\varepsilon + \widetilde{\theta}_1\left(z_1.\lambda_2 - \frac{1}{g_1}\dot{\hat{\theta}}_1\right) + \widetilde{\theta}_u^{\,T}\left(z_1.\upsilon_2^{\,T} - \frac{1}{g_u}\dot{\hat{\theta}}_u\right) \tag{IV.42}$$

On définit $c_1^* = c_1 + d_1$ et $\alpha_2 = \left(\sum_{i=1}^{L}\sigma_i(x_1).B^T(u_i)\right)\hat{\theta}_u$.

On peut développer le terme $(z_1 + \dot{z}_2)$ de la manière suivante :

$$\begin{aligned}\left(z_1 + \dot{z}_2\right) &= z_1 + \frac{d\left(\upsilon_2 . \hat{\theta}_u - \dot{y}_r - \alpha_1\right)}{dt} \\ &= \alpha_2 + z_1 - k_2 .\left(\zeta_1 + \lambda_1\hat{\theta}_1 + \upsilon_1 . \hat{\theta}_u\right) + c_1^{\,*} .\left(\zeta_2 + \lambda_2\hat{\theta}_1 + \upsilon_2 . \hat{\theta}_u\right) + c_1^{\,*} .\left(\lambda_2\widetilde{\theta}_1 + \upsilon_2 . \widetilde{\theta}_u\right) \\ &\quad - c_1^{\,*} . \dot{y}_r + k_2 y - \ddot{y}_r + c_1^{\,*} . \varepsilon_2 + \lambda_2\dot{\hat{\theta}}_1 + \upsilon_2 . \dot{\hat{\theta}}_u + \sigma_1(y).\hat{\theta}_1\end{aligned} \tag{IV.43}$$

On définit la commande u avec le choix de α_2 suivant :

$$\begin{aligned}\alpha_2 = &-c_2.z_2 - d_2.(c_1^*)^2.z_2 - \left\{z_1 - k_2.\left(\zeta_1 + \lambda_1\hat{\theta}_1 + \upsilon_1.\hat{\theta}_u\right) + c_1^*.\left(\zeta_2 + \lambda_2\hat{\theta}_1 + \upsilon_2.\hat{\theta}_u\right)\right.\\ &\left. - c_1^*.\dot{y}_r + k_2 y - \ddot{y}_r + \sigma_1(y).\hat{\theta}_1 + \lambda_2.g_1.\tau_1 + \upsilon_2.g_u.\tau_u\right\}\end{aligned} \quad \text{(IV.44)}$$

tel que les fonctions τ_1 et τ_u vont être convenablement définies.

L'expression (IV.43) peut alors s'écrire :

$$\left(z_1 + \dot{z}_2\right) = -c_2.z_2 - d_2.(c_1^*)^2.z_2 + c_1^*.\left(\lambda_2\tilde{\theta}_1 + \upsilon_2.\tilde{\theta}_u + \varepsilon_2\right) + \lambda_2\dot{\hat{\theta}}_1 + \upsilon_2.\dot{\hat{\theta}}_u - \left(\lambda_2.g_1.\tau_1 + \upsilon_2.g_u.\tau_u\right) \quad \text{(IV.45)}$$

Alors, l'expression de Lyapunov dérivée résultante aura l'expression :

$$\begin{aligned}\dot{V}_2 \leq &- c_1 z_1^2 - c_2 z_2^2 - \frac{3}{4.d_1}\varepsilon^T.\varepsilon - \frac{3}{4.d_2}\varepsilon^T.\varepsilon\\ &- \lambda_2.z_2 g_1\left(\tau_1 - \frac{1}{g_1}\dot{\hat{\theta}}_1\right) + \tilde{\theta}_1\left(\tau_1 - \frac{1}{g_1}\dot{\hat{\theta}}_1\right)\\ &- \upsilon_2.z_2 g_u\left(\tau_u - \frac{1}{g_u}\dot{\hat{\theta}}_u\right) + \tilde{\theta}_u^T\left(\tau_u - \frac{1}{g_u}\dot{\hat{\theta}}_u\right)\end{aligned} \quad \text{(IV.46)}$$

tel que :

$$\begin{aligned}\tau_1 &= \left(c_1^* z_2 + z_1\right)\lambda_2\\ \tau_u &= \left(c_1^* z_2 + z_1\right)\nu_2^T\end{aligned} \quad \text{(IV.47)}$$

Après quelques opérations mathématiques, l'expression (IV.46) aura la forme suivante :

$$\begin{aligned}\dot{V}_2 \leq &-c_1 z_1^2 - c_2 z_2^2 - \frac{3}{4.d_1}\varepsilon^T.\varepsilon - \frac{3}{4.d_2}\varepsilon^T.\varepsilon\\ &+ \left(-\lambda_2.z_2 g_1 + \tilde{\theta}_1\right)\left(\tau_1 - \frac{1}{g_1}\dot{\hat{\theta}}_1\right)\\ &+ \left(-\upsilon_2.z_2 g_u + \tilde{\theta}_u^T\right)\left(\tau_u - \frac{1}{g_u}\dot{\hat{\theta}}_u\right)\end{aligned} \quad \text{(IV.48)}$$

La dernière étape consiste à adopter la loi de commande :

$$\sum_{i=1}^{L}\sigma_i(x_1).B^T(u_i)=\frac{\alpha_2}{\hat{\theta}_u}=\frac{1}{\hat{\theta}_u}\Big[-c_2.z_2-d_2.(c_1^*)^2.z_2-\big\{z_1-k_2.\big(\zeta_1+\lambda_1\hat{\theta}_1+\upsilon_1.\hat{\theta}_u\big)+c_1^*.\big(\zeta_2+\lambda_2\hat{\theta}_1+\upsilon_2.\hat{\theta}_u\big)$$
$$-c_1^*.\dot{y}_r+k_2y-\ddot{y}_r+\sigma_1(y).\hat{\theta}_1+\lambda_2.g_1.\tau_1+\upsilon_2.g_u.\tau_u\big\}\Big]$$

(IV.49)

et les lois de mise à jour sont définies par :

$$\dot{\hat{\theta}}_1=g_1\tau_1=g_1.\big(c_1^*z_2+z_1\big)\lambda_2$$
$$\dot{\hat{\theta}}_u=g_u\tau_u=g_u.\big(c_1^*z_2+z_1\big)v_2^T \qquad \text{(IV.50)}$$

Donc la dernière dérivée de la fonction de Lyapunov s'écrit :

$$\dot{V}_2\le-\sum_{j=1}^{2}c_jz_j^2-\sum_{i=1}^{2}\frac{3}{4.d_i}\varepsilon^T.\varepsilon \qquad \text{(IV.51)}$$

En se basant sur la fonction de Lyapunov V=V2, on a pu démontrer que $\dot{V}<0$, $\forall(z,\varepsilon)\neq 0$, ce qui implique une stabilité asymptotique du système (IV.24) et de l'observateur (IV.25).

IV.1.4 Simulation et résultats

- **Commande non adaptative du moteur par backstepping**

$x_1(0)=0$ $x_2(0)=0$; $\theta_{u1}=50$; $\theta_{u2}=100$; $\theta_{u3}=150$; $\theta_{u4}=200$; $\theta_{u5}=300$ $\theta_l=70$; $c_1=6$; $c_2=4$; $y_r=\pi-\pi.\cos(\pi.T.t/2)$; $T=0{,}005$; $Nr=8$; $L=3$

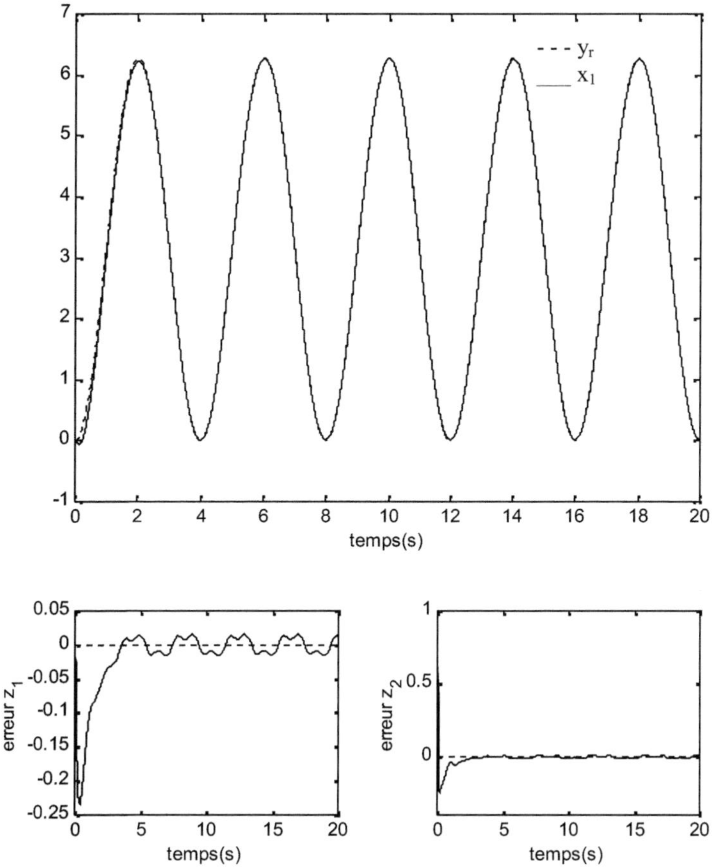

Figure IV.1 : Résultats de simulation
- Commande non adaptative du moteur par backstepping-

➢ **Commande adaptative du moteur par backstepping**

$x_1(0)=1$; $x_2(0)=0$; $c_1=6$; $c_2=4$; $\theta_{u1}=50$; $\theta_{u2}=100$; $\theta_{u3}=150$; $\theta_l=70$; $\hat{\theta}_{u1}=40$; $\hat{\theta}_{u2}=90$; $\hat{\theta}_{u3}=160$; $\hat{\theta}_l=10$; $g_l=50$;$g_u=50$; $y_r=\pi-\pi.\cos(\pi.T.t/2)$; $T=0{,}005$; $Nr=8$; $L=3$

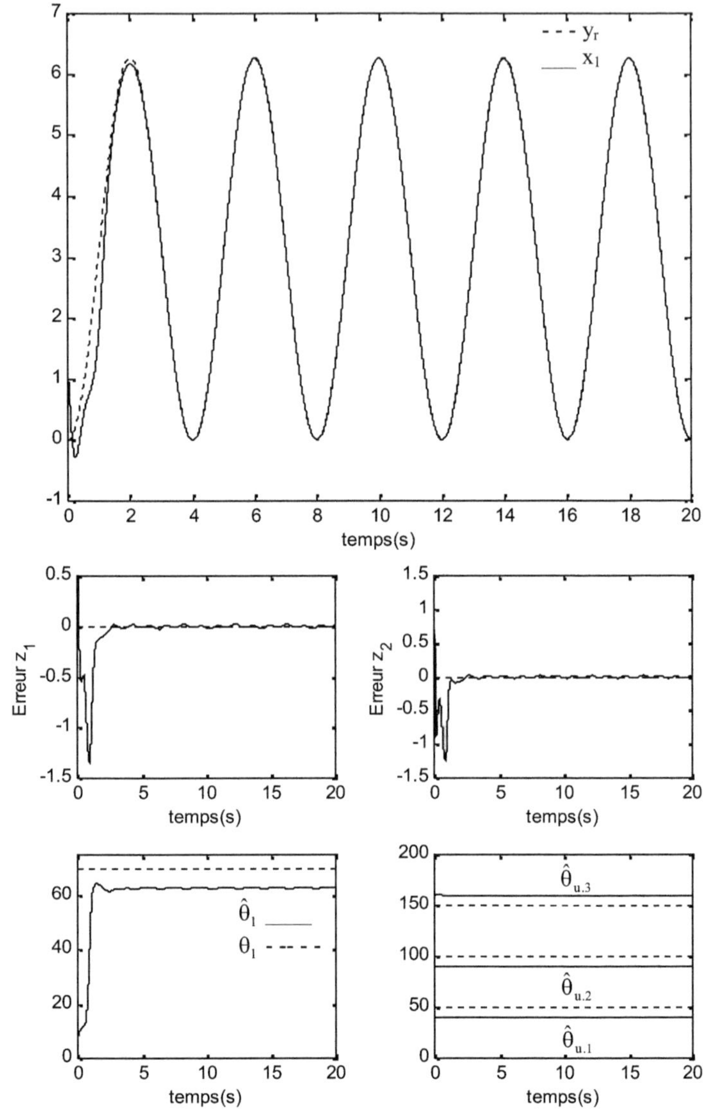

Figure IV.2 : Résultats de simulation
- Commande adaptative du moteur par backstepping-

- **Commande adaptative du moteur par backstepping et avec observateur**

$x_1(0)=1$; $x_2(0)=0$; $c_1=6$; $c_2=4$) ; $T=0,005$; $Nr=8$; $L=3$; $\theta_{u1}=50$; $\theta_{u2}=100$; $\theta_{u3}=150$; $\theta_l=70$; $\hat{\theta}_{u1}=40$; $\hat{\theta}_{u2}=90$; $\hat{\theta}_{u3}=160$; $\hat{\theta}_l=10$; $g_l=50$;$gu=50$; $d_1=1$; $d_2=1$; $k_1=65$; $k_2=70$;

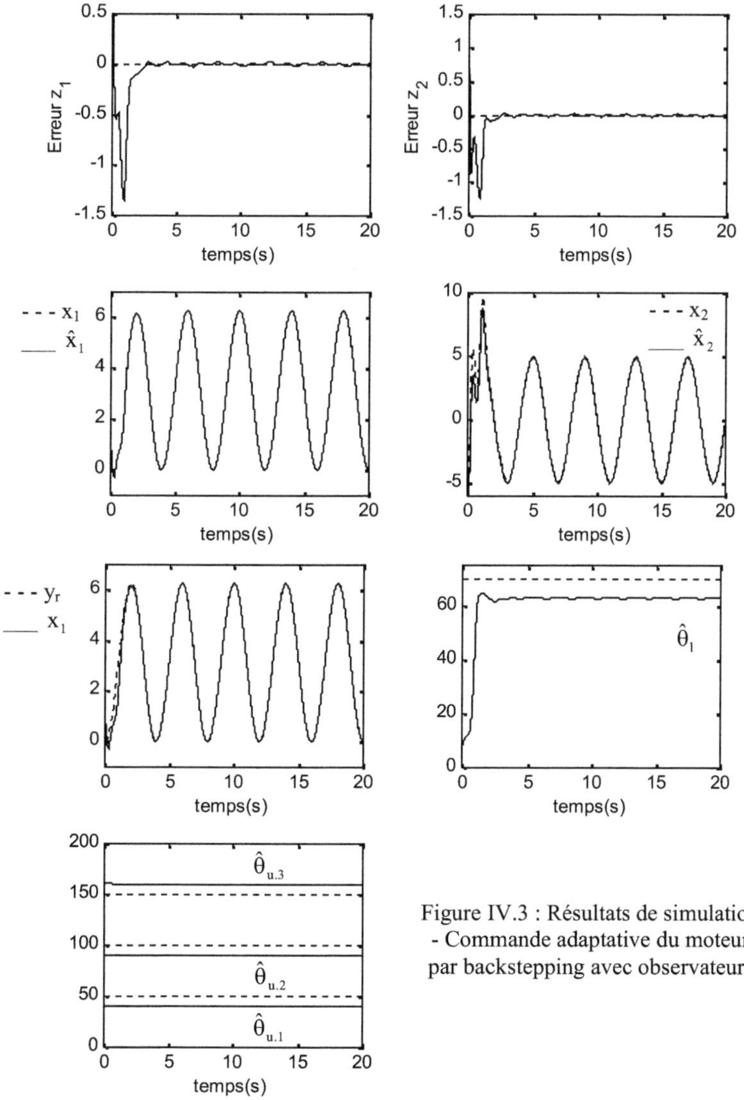

Figure IV.3 : Résultats de simulation - Commande adaptative du moteur par backstepping avec observateur-

IV.2 Moteur synchrone à aimant permanent

IV.2.1 Introduction

La machine synchrone est devenue attractive et concurrente de la machine à induction dans le domaine des systèmes d'entraînement électrique. Le grand avantage de la machine synchrone est l'élimination des pertes par glissement. En particulier, la machine synchrone à aimants permanents est utilisée largement dans plusieurs applications, comme les machines outils, la robotique, les générateurs aérospatiaux et les véhicules électriques. Cette large utilisation est devenue possible avec les hautes performances des aimants permanents, ce qui a permis à la machine synchrone d'avoir une densité de puissance, un rapport couple/inertie et une efficacité élevée en la comparant avec la machine à induction ou la machine à courant continu.

Les machines synchrones à aimants permanents peuvent être classées en deux groupes : les machines à démarrage direct avec un enroulement amortisseur pour développer le couple de démarrage et les machines alimentées par des onduleurs. Généralement, les machines alimentées par des onduleurs ne possèdent pas d'enroulements amortisseurs (fonctionnement en boucle fermée).

IV.2.2 Moteur synchrone

On appelle champ tournant, la portion de l'espace où existe un champ magnétique de valeur constante, dont la direction tourne avec la vitesse angulaire constante.

Il existe deux procédés fondamentaux pour produire un champ tournant :

- Un procédé mécanique qui consiste à faire tourner un aimant en fer à cheval, soit à la main, soit à l'aide d'un moteur auxiliaire.
- Un procédé électrique qui utilise trois bobines décalées de 120° dans l'espace, bobines qui sont alimentées par des courants triphasés (courants décalés de 120° dans le temps).

IV.2.2.1. Constitution

La machine synchrone est constituée :

- d'un stator (induit) : les enroulements du stator sont le siège de courants alternatifs monophasés ou triphasés. Il possède p paires de pôles.

- d'un rotor (inducteur) : il est constitué d'un enroulement parcouru par un courant d'excitation continu créant un champ magnétique 2p polaire (il possède le même nombre de paires p de pôles). On distingue deux types de rotor :

  - Rotor à pôles lisses : utilisé généralement pour les machines à grande vitesse telle que les turbo-alternateurs.

  - Rotor à pôles saillants : il comporte habituellement un grand nombre de paires de pôles. Il est utilisé généralement pour les machines à faibles et moyennes vitesses telles que les alternateurs utilisés dans les centrales hydrauliques.

Les courants alternatifs dans le stator créent un champ magnétique tournant à la pulsation :

$$\omega_r = \frac{\omega}{p} \text{ ou } n_r = \frac{f}{p} \qquad \text{(IV.52)}$$

avec :

ω_r : vitesse de rotation du champ tournant en rad/s ;

ω : pulsation des courants alternatifs en rad/s. $\omega = 2\,\pi.f$;

n_r : vitesse de rotation du champ tournant en trs/s ;

f : fréquence des courants alternatifs en Hz ;

p : nombre de paires de pôles.

IV.2.2.2 Avantage d'une excitation par aimants permanents

- Elimination des dispositifs auxiliaires, tels que la source à courant continu ;
- Amélioration du rendement de la machine synchrone par suppression des pertes joules rotoriques ;
- Construction simplifiée par l'absence de l'enroulement rotorique ;

Toutefois l'aimant permanent présente un inconvénient important, c'est la désaimantation causée par plusieurs facteurs :

- Le changement de structure : causé par les réactions chimiques ;
- L'influence des vibrations et des chocs ;
- L'influence du temps : l'aimantation M diminue suivant la loi $dM/M = A.Log(t)$

où A est une constante positive.

Si l'aimant choisi est stable, l'influence du temps est négligeable.**[11]**

IV.2.2.3 Modèle de la machine synchrone

Le modèle de la machine synchrone dans un repère d-q avec l'axe d aligné sur le flux rotorique est :

$$\dot{\Psi}_d = -R.i_d + p.\omega_r.\Psi_q + v_d \qquad \text{(IV.53)}$$

$$\dot{\Psi}_q = -R.i_q - p.\omega_r.\Psi_d + v_q \qquad \text{(IV.54)}$$

pour une machine à aimants :

$$\Psi_d = L_d.i_d + \Psi_f \qquad \text{(IV.55)}$$

$$\Psi_q = L_q.i_q \qquad \text{(IV.56)}$$

avec Ψ_f flux inducteur engendré par les aimants permanents.

Pour une machine à f.é.m sinusoïdale dont le flux est imposé par les aimants permanents, le couple électromagnétique est donné par :

$$C_e = \frac{3.p}{2}.\left(\Psi_f.i_q + \left(L_d - L_q\right)i_d.i_q\right) \qquad \text{(IV.57)}$$

Dans le cas d'une machine sans saillance $L_d = L_q$ et sans amortissement :

$$C_e = \frac{3.p}{2}.\Psi_f.i_q \qquad \text{(IV.58)}$$

Le couple ne dépend que de la composante suivant l'axe q du courant statorique. La puissance absorbée, pour un couple donné, est optimale pour $i_d = 0$ et le couple est régulé par i_q.

Si la machine possède une saillance directe $L_d > L_q$ ou inverse $L_d < L_q$, le couple dépend simultanément de i_q et de i_d. dans le cas des machines à aimants, on peut utiliser i_d pour diminuer le flux dans la machine.

IV.2.3 Commande du moteur synchrone

IV.2.3.1 Equations de la machine dans le référentiel rotorique

Selon le modèle de Park, le modèle de la machine synchrone à aimants permanents intérieur peut être décrit en utilisant les courants statoriques et la vitesse mécanique comme variables d'état, et les tensions statoriques comme commandes :

$$v_d = R.i_d + L_d.\frac{di_d}{dt} - p.\omega_r.L_q.i_q \qquad \text{(IV.59)}$$

$$v_q = p.\omega_r.L_d.i_d + R.i_q + L_q.\frac{di_q}{dt} + p.\omega_r.\Psi_f \qquad \text{(IV.60)}$$

Du point de vue mécanique le fonctionnement de la machine est caractérisé par l'équation électromécanique :

$$J.\frac{d\omega_r}{dt} + B_m.\omega_r = C_e - C_r \qquad \text{(IV.61)}$$

Le couple électromagnétique est donné par :

$$C_e = \frac{3.p}{2}.\left(\Psi_f.i_q + \left(L_d - L_q\right)i_d.i_q\right) \qquad \text{(IV.62)}$$

avec :

v_d, v_q : tensions statorique et rotorique suivant les axes d et q,
i_d, i_q : courants statorique et rotorique suivant les axes d et q,
R : résistance statorique par phase,
L_d, L_q : inductances statoriques suivant les axes d et q,
C_r : couple résistant,
J : moment d'inertie de l'ensemble moteur-charge,
B_m : coefficient de frottement du moteur,
p : nombre de paires de pôles du moteur,
ω_r : vitesse angulaire du rotor,
Ψ_f : flux dû à l'aimant permanent.

On remarque que le couple électromagnétique est proportionnel au courant suivant l'axe « q » dans le cas de la machine à pôles lisses (L_d=L_q).

L'objectif de notre exemple est d'obtenir les tensions de commande dans le but d'avoir une très grande performance de la vitesse de rotation. En se référant aux équations (IV.59)et (IV.62) ; il est facile de voir que la commande en vitesse peut être réalisée en commandant la composante v_q liée à l'axe « q » de la tension d'alimentation avec le maintien du courant i_d à zéro. Si on prend cette hypothèse en considération, on aboutit au système réduit suivant :

$$v_d = -p.\omega_r.L_q.i_q \qquad \text{(IV.63)}$$

$$v_q = R.i_q + L_q.\frac{di_q}{dt} + p.\omega_r.\Psi_f \qquad \text{(IV.64)}$$

$$C_e = C_r + J.\frac{d\omega_r}{dt} + B_m.\omega_r \qquad \text{(IV.65)}$$

$$C_e = \frac{3.p}{2}\Psi_f.i_q \qquad \text{(IV.66)}$$

IV.2.3.2 Modèle utilisé

Notons bien que cette hypothèse ne puisse être raisonnable et pratique, ce qui nous oblige à trouver une solution pratique pour annuler i_d en utilisant le modèle complet de la machine.

En tenant compte des équations (IV.59), (IV.60), (IV.61) et (IV.62), le modèle peut être décrit par :

$$\frac{d\omega_r}{dt} = \frac{1}{J}\left[\frac{3.p}{2}.\left(\Psi_f.i_q + \left(L_d - L_q\right)i_d.i_q\right) - C_r - B_m.\omega_r\right] \quad \text{(IV.67)}$$

$$\frac{di_d}{dt} = \frac{1}{L_d}.\left(v_d - R.i_d + p.\omega_r.L_q.i_q\right) \quad \text{(IV.68)}$$

$$\frac{di_q}{dt} = \frac{1}{L_q}.\left(v_q - R.i_q - p.\omega_r.L_d.i_d - p.\omega_r.\Psi_f\right) \quad \text{(IV.69)}$$

IV.2.3.3 Développement et procédure de la commande

La stratégie adoptée dans ce qui suit est l'application de la technique backstepping. Cette commande va permettre de linéariser le système non linéaire en présence des paramètres inconnus. L'avantage de cette commande est que durant la stabilisation, les non-linéarités du système reste intacts.

- **<u>Etape 1</u> « Boucle de vitesse »**

Notre but est de commander le moteur d'atteindre la vitesse désirée, ce qui va se traduire par le calcul permanent de l'erreur de vitesse :

$$e = \omega_r^* - \omega_r \quad \text{(IV.70)}$$

avec :

ω_r^* : vitesse de référence

Alors l'erreur de vitesse dynamique aura l'expression :

$$\dot{e} = \dot{\omega}_r^* - \dot{\omega}_r \quad \text{(IV.71)}$$

tel que :

$\dot{\omega}_r = 0$

En utilisant l'équation (IV.67), on aura :

$$J.\dot{e} = B_m.\omega_r + C_r - \frac{3.p}{2}.\left(\Psi_f.i_q + \left(L_d - L_q\right)i_d.i_q\right) \quad \text{(IV.72)}$$

La régulation de vitesse sera réalisée si on adopte les deux fonctions stabilisantes :

$$i_q^* = \frac{2}{3.p.\psi_f}\left(B_m.\omega_r + C_r + k_s.J.e\right) \qquad \text{(IV.73)}$$

$$i_d^* = 0 \qquad \text{(IV.74)}$$

et les deux erreurs liées aux courants sont définies par :

$$e_d = i_d^* - i_d \qquad \text{(IV.75)}$$

$$e_q = i_q^* - i_q \qquad \text{(IV.76)}$$

Pour déterminer cette stabilité, on définit la fonction de Lyapunov suivante :

$$V_1 = \frac{1}{2}e^2 \qquad \text{(IV.77)}$$

En faisant la dérivée de cette fonction on aura :

$$\dot{V}_1 = e.\dot{e} = -k_s.e^2 + \frac{e}{J}\left(B_m.\omega_r + C_r - \frac{3.p}{2}\Psi_f.i_q + k_s.J.e\right) - \frac{3.p}{2.J}.\left(L_d - L_q\right)i_d.i_q.e \qquad \text{(IV.78)}$$

tel que :

k_s est une constante positive.

Si les deux erreurs e_d et e_q tendent vers zéro, alors la fonction de l'équation (IV.78) devient :

$$\dot{V}_1 = -k_s.e^2 \qquad \text{(IV.79)}$$

et cela traduit la stabilité asymptotique globale.

Puisque le couple de charge est inconnu, il doit être estimé. Alors on définit :

$$\hat{i}_q^* = \frac{2}{3.p.\psi_f}\left(B_m.\omega_r + \hat{C}_r + k_s.J.e\right) \qquad \text{(IV.80)}$$

tel que $\hat{C}_r$ est la valeur estimée du couple de charge. Alors, à partir de (IV.72) et (IV.73) on peut obtenir la dynamique de l'erreur de vitesse :

$$\dot{e} = \frac{1}{J}.\left[\tilde{C}_r + \frac{3.p}{2}.\Psi_f.e_q + \frac{3.p}{2}(L_d - L_q).e_d.i_q - k_s.J.e\right] \quad \text{(IV.81)}$$

- **<u>Etape 2</u> « Boucle de couple et de flux »**

Pour stabiliser les deux composantes i_d te i_q, on procède au développement des dynamiques des erreurs e_d et e_q :

$$\dot{e}_d = -\dot{i}_d = \frac{1}{L_d}R.i_d - \frac{p.\omega_r.L_q}{L_d}.i_q - \frac{1}{L_d}v_d \quad \text{(IV.82)}$$

$$\dot{e}_q = \dot{i}_q^* - \dot{i}_q$$

$$= \frac{2}{3.p.\psi_f}\left(B_m.\frac{d\omega_r}{dt} + k_s.J.\dot{e}\right) - \frac{di_q}{dt}$$

$$= \frac{2}{3.p.\psi_f}\left(B_m.\frac{d\omega_r}{dt} - k_s.J.\frac{d\omega_r}{dt}\right) - \frac{1}{L_q}.(v_q - R.i_q - p.\omega_r.L_d.i_d - p.\omega_r.\Psi_f) \quad \text{(IV.83)}$$

on aura alors :

$$\dot{e}_q = \frac{2}{3.p.\psi_f.J}(B_m - k_s.J)\left\{\frac{3}{2}p\left[\Psi_f.i_q + (L_d - L_q)i_d.i_q\right] - C_r - B_m.\omega_r\right\} - \frac{1}{L_q}v_q + \frac{R}{L_q}.i_q + \frac{p.\omega_r.L_d}{L_q}.i_d + \frac{p.\omega_r}{L_q}.\Psi_f$$

(IV.84)

- **<u>Etape 3</u>**

Dans notre étude, on va supposer que les paramètres inconnus à estimés sont R, C_r . Alors la structure de Lyapunov peut se traduire de la forme :

$$V_2 = \frac{1}{2}\left(e^2 + e_d^2 + e_q^2 + \frac{1}{\gamma_1}.\tilde{C}_r^2 + \frac{1}{\gamma_2}.\tilde{R}^2\right) \quad \text{(IV.85)}$$

Sa dérivée aura l'expression :

$$\dot{V}_2 = e.\dot{e} + e_d.\dot{e}_d + e_q.\dot{e}_q + \frac{1}{\gamma_1}.\tilde{C}_r.\dot{\tilde{C}}_r + \frac{1}{\gamma_2}.\tilde{R}\ .\dot{\tilde{R}} \quad \text{(IV.86)}$$

avec :

$C_r = \tilde{C}_r + \hat{C}_r$, $R = \tilde{R} + \hat{R}$

Suivant la même procédure de développement, on trouve facilement :

$$\dot{V}_2 = -k_s.e^2 - k_1.e_d^2 - k_2.e_q^2$$

$$+e_d.\left[\frac{\hat{R}}{L_d}i_d - \frac{p.L_q.\omega_r}{L_d}.i_q - \frac{1}{L_d}.v_d + k_1 e_d + \frac{3.p(L_d - L_q).e}{J}.i_q\right]$$

$$+e_q.\left\{\frac{2.(B_m - k_s J)}{3.p.\psi_f.J}.\left[\frac{3}{2}.p.(\Psi_f.i_q + (L_d - L_q).i_d.i_q) - \hat{C}_r - B_m.\omega_r\right]\right.$$

$$\left.+\frac{\hat{R}}{L_q}i_q + \frac{p.L_d.\omega_r}{L_q}.i_d + \frac{p.\Psi_f}{L_q}\omega_r - \frac{1}{L_q}.v_q + k_2 e_q + \frac{3.p.e}{2.J}\Psi_f\right\}$$

$$+\tilde{C}_r.\left[+\frac{1}{\gamma_1}\dot{\tilde{C}}_r + \frac{e}{J} - \frac{2.(B_m - k_s J)}{3.p.\psi_f.J}.e_q\right] + \tilde{R}.\left[+\frac{1}{\gamma_2}\dot{\tilde{R}} + \frac{e_d.i_d}{L_d} + \frac{e_q.i_q}{L_q}\right] \quad \text{(IV.87)}$$

La réalisation de la stabilité implique la dérivée de la fonction de Lyapunov suivante:

$$\dot{V}_2 = -k_s.e^2 - k_1.e_d^2 - k_2.e_q^2 \leq 0 \quad \text{(IV.88)}$$

alors, il faut sélectionner les lois de commande suivantes :

$$v_d = \hat{R}i_d - p.L_q.\omega_r.i_q + k_1.L_d.e_d + \frac{3.pL_d}{2.J}(L_d - L_q).e.i_q \quad \text{(IV.89)}$$

$$v_q = \frac{2.(B_m - k_s J)L_q}{3.p.\psi_f.J}.\left[\frac{3}{2}.p.(\Psi_f.i_q + (L_d - L_q).i_d.i_q) - \hat{C}_r - B_m.\omega_r\right]$$

$$+\hat{R}i_q + p.L_d.\omega_r.i_d + p.\Psi_f\,\omega_r + k_2 L_q e_q + \frac{3.p.eL_q}{2.J}\Psi_f$$

(IV.90)

et choisir les lois de mise à jour des paramètres estimés représentées par :

$$\dot{\tilde{C}}_r = -\gamma_1.\left[\frac{e}{J} - \frac{2.(B_m - k_s J)}{3.p.\psi_f.J}.e_q\right] \quad \text{(IV.91)}$$

$$\dot{\tilde{R}} = -\gamma_2.\left(\frac{e_d.i_d}{L_d} + \frac{e_q.i_q}{L_q}\right) \quad \text{(IV.92)}$$

IV.2.4 Résultats de simulation

k_S=135 ; k_1=1500 ; k_2=2 ; γ_1=0.0001 ; γ_2=0.0001 ; γ_3=1 ;
R=1.93 ; Ld=0.04244 ; Lq = 0.07957; p=2 ; J=0.03 ; Bm=0.001; ψ_r=0.311;
ω_r^*=160 ; C_l=5; $i_d(0)$=0 ; $i_q(0)$=0 ; $\hat{R}(0)$=0.3 ; $\omega r(0)$=0 ; $\hat{\omega} r(0)$=0 ;

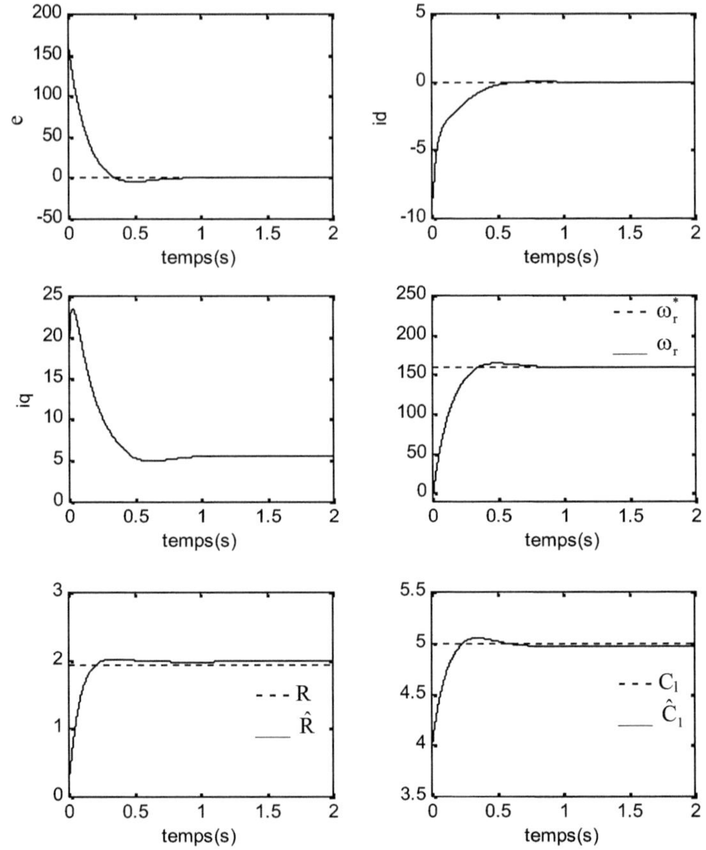

Figure IV.4 : Résultats de simulation : Commande adaptative du moteur synchrone par backstepping avec observateur

IV.3 Moteur asynchrone

La machine à induction à cage est particulièrement robuste et de faible coût, et cela l'a conduit à devenir de plus en plus utile dans le domaine industriel. Elle est utilisée dans les applications à basses performances ainsi que dans des cas plus sophistiqués. Plusieurs méthodes de commande, dont le degré de complexité varie de l'une à l'autre suivant les performances demandées, sont utilisées pour contrôler la machine à induction.

La recherche dans ce domaine a démarré en 1990. Elle est motivée par les raisons suivantes : le moteur à induction permet d'une part d'obtenir un rendement beaucoup plus élevé que le moteur à courant continu en produisant des couples plus importants pour une consommation d'énergie équivalente ; d'autre part, les dimensions du moteur à induction étant inférieures à celles du moteur à courant continu, son utilisation dans la motorisation des robots manipulateurs est très intéressante. De plus, le moteur à induction n'ayant pas de contact physique direct entre le rotor et le stator, l'usure de ce moteur se trouve minimisée.

Ces nouvelles configurations amènent de nouveaux problèmes de commande, car les couples appliqués par le moteur à induction sont liés dynamiquement par des équations non linéaires aux variables de commande. Une dynamique additionnelle est donc à prendre en compte pour l'étude de la stabilisation de l'ensemble des équations différentielles résultant des équations mécaniques de Lagrange et des équations électriques des moteurs à induction. Une difficulté supplémentaire vient du fait que le flux magnétique du moteur est souvent rétro-alimenté dans les structures de commandes jusqu'alors proposées, et est difficilement mesurable. Des observateurs de flux sont donc nécessaires.

IV.3.1 Introduction

La dynamique du moteur à induction, choisie pour cette partie, est représentée par un modèle d'ordre cinq. Pour un repère de référence lié au stator, le système d'équations peut être décrit par **[22]**:

$$\frac{d\omega}{dt} = \mu.(\Psi_a.i_b - \Psi_b.i_a) - \frac{T_L}{J}$$

$$\frac{d\Psi_a}{dt} = -\frac{R_r}{L_r}\Psi_a - \omega.\Psi_b + R_r.\frac{M}{L_r}.i_a$$

$$\frac{d\Psi_b}{dt} = -\frac{R_r}{L_r}\Psi_b + \omega.\Psi_a + R_r.\frac{M}{L_r}.i_b$$

$$\frac{di_a}{dt} = -\frac{R_s}{\sigma}i_a - R_r.\beta.\frac{M}{L_r}.i_a + R_r.\frac{\beta}{L_r}\Psi_a + \beta.\omega.\Psi_b + \frac{1}{\sigma}U_a$$

$$\frac{di_b}{dt} = -\frac{R_s}{\sigma}i_b - R_r.\beta.\frac{M}{L_r}.i_b + R_r.\frac{\beta}{L_r}\Psi_b - \beta.\omega.\Psi_a + \frac{1}{\sigma}U_b \qquad \text{(IV.93)}$$

avec :

ω : vitesse rotorique,

(Ψ_a, Ψ_b) : flux rotoriques,

(i_a, i_b) : courants statoriques,

(U_a, U_b) : tensions statoriques,

T_L : couple de charge,

J : moment d'inertie,

R_r : résistance rotorique,

R_s : résistance statorique,

L_r : inductance rotorique,

L_s : inductance statorique,

M : inductance mutuelle,

$$\sigma = L_s\left(1 - \frac{M^2}{L_s.L_r}\right),\ \beta = \frac{M}{\sigma.L_r},\ \mu = \frac{1}{J}.\frac{M}{L_r}$$

n=1 : nombre de paires de pôles

En tenant compte des trois premières équations du système, les courants i_a et i_b sont supposés des commandes ainsi que leurs dynamiques, dans les deux dernières équations, sont négligeables.

Ce qui va nous permettre d'avoir le système réduit suivant :

$$\begin{aligned}
\frac{d\omega}{dt} &= \mu(\Psi_a.i_b - \Psi_b.i_a) - \frac{T_L}{J} \\
\frac{d\Psi_a}{dt} &= -\frac{R_r}{L_r}\Psi_a - \omega.\Psi_b + R_r.\frac{M}{L_r}.i_a \\
\frac{d\Psi_b}{dt} &= -\frac{R_r}{L_r}\Psi_b + \omega.\Psi_a + R_r.\frac{M}{L_r}.i_b
\end{aligned} \qquad \text{(IV.94)}$$

IV.3.2 Commande backstepping non adaptative

$\omega_r(t)$: signal de référence de la vitesse ω

$\Psi_r^2(t)$: signal de référence du flux $\Psi^2 = \Psi_a^2 + \Psi_b^2$

avec $\Psi_r^2(t) > 0 \; \forall t \geq 0$

➤ **<u>Etape</u> 1**

On adopte le changement de variables suivant :

$$z_1 = \omega - \omega_r$$
$$z_2 = \Psi^2 - \Psi_r^2 = \Psi_a^2 + \Psi_b^2 - \Psi_r^2 \qquad \text{(IV.95)}$$

et l'angle du flux $\rho = \text{artg}\dfrac{\Psi_b}{\Psi_a}$

A partir des équations (IV.94) et (IV.95), la dynamique des erreurs est donnée par :

$$\dot{z}_1 = \dot{\omega} - \dot{\omega}_r$$
$$= \mu.(\Psi_a.i_b - \Psi_b.i_a) - \frac{T_L}{J} - \dot{\omega}_r$$

$$\dot{z}_2 = 2.\Psi_a.\dot{\Psi}_a + 2.\Psi_b.\dot{\Psi}_b - 2.\Psi_r.\dot{\Psi}_r$$
$$= -2.\frac{R_r}{L_r}(\Psi_a^2 + \Psi_b^2) + 2.R_r.\frac{M}{L_r}(\Psi_a.i_a + \Psi_b.i_b) - 2.\Psi_r.\dot{\Psi}_r \qquad \text{(IV.96)}$$

et la dérivée de ρ s'écrit :

$$\dot{\rho} = \omega + \frac{R_r}{L_r}.M.\frac{\Psi_a.i_b - \Psi_b.i_a}{\Psi^2} \qquad \text{(IV.97)}$$

La vitesse de glissement ω_s, qui représente la différence entre la vitesse $\dot{\rho}$ de rotation du vecteur flux (Ψ_a, Ψ_b) et la vitesse rotorique, s'exprime par :

$$\omega_s = \frac{R_r}{L_r}.M.\frac{\Psi_a.i_b - \Psi_b.i_a}{\Psi^2} \qquad \text{(IV.98)}$$

- **Etape 2**

Cette étape consiste à définir les lois de commande et atteindre la stabilité envisagée. Pour cela, on se base sur la fonction de Lyapunov décrite par :

$$V_1 = \frac{1}{2}\left(z_1^2 + z_2^2\right) \qquad \text{(IV.99)}$$

Sa dérivée aura l'expression :

$$\dot{V}_1 = \dot{z}_1 z_1 + \dot{z}_2 z_2$$
$$= z_1\left(\mu.\left(\Psi_a.i_b - \Psi_b.i_a\right) - \frac{T_L}{J} - \dot{\omega}_r\right) + z_2\left(-2.\frac{R_r}{L_r}\left(\Psi_a^2 + \Psi_b^2\right) + 2.R_r.\frac{M}{L_r}\left(\Psi_a.i_a + \Psi_b.i_b\right) - 2.\Psi_r.\dot{\Psi}_r\right)$$
(IV.100)

Le choix des lois de commande repose sur la résolution de l'expression suivante :

$$\begin{bmatrix} \Psi_a & \Psi_b \\ -\Psi_b & \Psi_a \end{bmatrix}\begin{bmatrix} i_a \\ i_b \end{bmatrix} = \begin{bmatrix} \frac{1}{M}.\Psi_r^2 - k_2.\frac{L_r}{2.M.R_r}.z_2 + \frac{L_r}{M.R_r}\Psi_r.\dot{\Psi}_r \\ \frac{1}{\mu}.\frac{T_L}{J} + \frac{\dot{\omega}_r}{\mu} - \frac{k_1}{\mu}.z_1 \end{bmatrix} \qquad \text{(IV.101)}$$

avec : $k_1 > 0$ et $k_2 > 0$,

On peut déduire, alors les états de commande suivants :

$$\begin{bmatrix} i_a \\ i_b \end{bmatrix} = \frac{1}{\Psi^2}\begin{bmatrix} \Psi_a & -\Psi_b \\ \Psi_b & \Psi_a \end{bmatrix}\begin{bmatrix} \frac{1}{M}.\Psi_r^2 - k_2.\frac{L_r}{2.M.R_r}.z_2 + \frac{L_r}{M.R_r}\Psi_r.\dot{\Psi}_r \\ \frac{1}{\mu}.\frac{T_L}{J} + \frac{\dot{\omega}_r}{\mu} - \frac{k_1}{\mu}.z_1 \end{bmatrix} \qquad \text{(IV.102)}$$

ce qui va permettre d'avoir :

$$\dot{V}_1 = -k_1 z_1^2 - \left(k_2 + 2.\frac{R_r}{L_r}\right)z_2^2 \qquad \text{(IV.103)}$$

et l'équation (IV.96) aura la forme :

$$\dot{z}_1 = -k_1.z_1^2$$

$$\dot{z}_2 = -\left(k_2 + 2.\frac{R_r}{L_r}\right)z_2 \qquad \text{(IV.104)}$$

ce qui implique la convergence et la stabilité du système.

Pour $\Psi^2=0$, l'expression (IV.102) n'a pas de solutions et cela présente une singularité physique pour le moteur. De la deuxième équation de l'expression (IV.104), on peut dire que Ψ^2 est toujours différente de zéro pour $t \geq t_0$ à condition que $\Psi_a(t_0) \neq 0$ ou $\Psi_b(t_0) \neq 0$. Cette condition est validée au moment où $i_a(t) = i_b(t) = I > 0$ pour $0 \leq t \leq t_0$.

IV.3.3 Commande non adaptative avec observateur

En remplaçant (Ψ_a, Ψ_b) par son estimation $(\hat{\Psi}_a, \hat{\Psi}_b)$ dans les deux dernières équations du système (IV.94), l'observateur employé sera décrit par :

$$\frac{d\hat{\Psi}_a}{dt} = -\frac{R_r}{L_r}\hat{\Psi}_a - \omega.\hat{\Psi}_b + R_r.\frac{M}{L_r}.i_a + \varepsilon_a \qquad \text{(IV.105)}$$

$$\frac{d\hat{\Psi}_b}{dt} = -\frac{R_r}{L_r}\hat{\Psi}_b + \omega.\hat{\Psi}_a + R_r.\frac{M}{L_r}.i_b + \varepsilon_b \qquad \text{(IV.106)}$$

Avec la constante de temps L_r / Rr, les dynamiques des erreurs ($\tilde{\Psi}_a = \Psi_a - \hat{\Psi}_a$, $\tilde{\Psi}_b = \Psi_b - \hat{\Psi}_b$) sont exponentiellement stables et peuvent être représentées par :

$$\dot{\tilde{\Psi}}_a = \dot{\Psi}_a - \dot{\hat{\Psi}}_a = -\frac{R_r}{L_r}\tilde{\Psi}_a - \omega.\tilde{\Psi}_b - \varepsilon_a \qquad \text{(IV.107)}$$

$$\dot{\tilde{\Psi}}_b = \dot{\Psi}_b - \dot{\hat{\Psi}}_b = -\frac{R_r}{L_r}\tilde{\Psi}_b + \omega.\tilde{\Psi}_a - \varepsilon_b \qquad \text{(IV.108)}$$

Pour définir les lois de commande, on adopte une nouvelle fonction de Lyapunov décrite par l'expression suivante :

$$V_2 = \frac{1}{2}\left(z_1^2 + z_2^2 + \frac{1}{\lambda}\tilde{\Psi}_a^2 + \frac{1}{\lambda}\tilde{\Psi}_b^2\right) \qquad \text{(IV.109)}$$

tel que : $z_2 = \hat{\Psi}_a^2 + \hat{\Psi}_b^2 - \Psi_r^2$ et $\lambda > 0$.

Sa dérivée est donnée par :

$$\dot{V}_2 = \dot{z}_1 z_1 + \dot{z}_2 z_2 + \frac{1}{\lambda}\tilde{\Psi}_a.\dot{\tilde{\Psi}}_a + \frac{1}{\lambda}\tilde{\Psi}_b.\dot{\tilde{\Psi}}_b$$

$$= z_1\left(\mu.\left(\hat{\Psi}_a.i_b - \hat{\Psi}_b.i_a\right) - \frac{T_L}{J} - \dot{\omega}_r + \mu.\left(\tilde{\Psi}_a.i_b - \tilde{\Psi}_b.i_a\right)\right)$$

$$+ z_2\left(2.\hat{\Psi}_a.\dot{\hat{\Psi}}_a + 2.\hat{\Psi}_b.\dot{\hat{\Psi}}_b - 2.\Psi_r.\dot{\Psi}_r\right)$$

$$+ \frac{1}{\lambda}\tilde{\Psi}_a\left(-\frac{R_r}{L_r}\Psi_a - \omega.\Psi_b + R_r.\frac{M}{L_r}.i_a - \dot{\hat{\Psi}}_a\right)$$

$$+ \frac{1}{\lambda}\tilde{\Psi}_b\left(-\frac{R_r}{L_r}\Psi_b + \omega.\Psi_a + R_r.\frac{M}{L_r}.i_b - \dot{\hat{\Psi}}_b\right) \quad \text{(IV.110)}$$

Afin d'annuler les erreurs $\tilde{\Psi}_a$ et $\tilde{\Psi}_b$, on définit :

$$\dot{\hat{\Psi}}_a = -\frac{R_r}{L_r}\hat{\Psi}_a - \omega.\hat{\Psi}_b + R_r.\frac{M}{L_r}.i_a + \lambda.\mu.i_b.z_1 \quad \text{(IV.111)}$$

$$\dot{\hat{\Psi}}_b = -\frac{R_r}{L_r}\hat{\Psi}_b + \omega.\hat{\Psi}_a + R_r.\frac{M}{L_r}.i_b - \lambda.\mu.i_a.z_1 \quad \text{(IV.112)}$$

tel que :

$\varepsilon_a = \lambda.\mu.i_b.z_1$;

$\varepsilon_b = \lambda.\mu.i_a.z_1$

l'expression (IV.110) peut s'écrire alors :

$$\dot{V}_2 = z_1\left(\mu.\left(\hat{\Psi}_a.i_b - \hat{\Psi}_b.i_a\right) - \frac{T_L}{J} - \dot{\omega}_r\right) - \frac{1}{\lambda}.\frac{R_r}{L_r}\left(\tilde{\Psi}_a^2 + \tilde{\Psi}_b^2\right)$$

$$+ z_2\left[-2.\frac{R_r}{L_r}\hat{\Psi}^2 + 2.\frac{R_r.M}{L_r}\left(\hat{\Psi}_a.i_a + \hat{\Psi}_b.i_b\right) + 2.\lambda.\mu.\left(\hat{\Psi}_a.z_1.i_b - \hat{\Psi}_b.z_1.i_a\right) - 2.\Psi_r.\dot{\Psi}_r\right] \quad \text{(IV.113)}$$

Le choix des lois de commande repose sur la résolution de l'expression suivante :

$$\begin{bmatrix} 2.\frac{R_r.M}{L_r}\hat{\Psi}_a - 2.\mu.\lambda.\hat{\Psi}_b.z_1 & 2.\frac{R_r.M}{L_r}\hat{\Psi}_b + 2.\mu.\lambda.\hat{\Psi}_a.z_1 \\ -\hat{\Psi}_b & \hat{\Psi}_a \end{bmatrix}\begin{bmatrix} i_a \\ i_b \end{bmatrix} = \begin{bmatrix} 2.\frac{R_r}{L_r}.\Psi_r^2 + 2.\Psi_r.\dot{\Psi}_r - k_2.z_2 \\ \frac{1}{\mu}.\frac{T_L}{J} + \frac{\dot{\omega}_r}{\mu} - \frac{k_1}{\mu}.z_1 \end{bmatrix}$$

(IV.114)

et les lois de commande alors déduites sont définies par :

$$\begin{bmatrix} i_a \\ i_b \end{bmatrix} = \frac{1}{\hat{\Psi}^2} \begin{bmatrix} \hat{\Psi}_a & -\hat{\Psi}_b \\ \hat{\Psi}_b & \hat{\Psi}_a \end{bmatrix} . \begin{bmatrix} \xi_1 \\ \xi_2 \end{bmatrix} \tag{IV.115}$$

avec :

$$\xi_1 = \frac{L_r}{2R_r M}\left[2.\frac{R_r}{L_r}.\Psi_r^2 + 2.\Psi_r.\dot{\Psi}_r - k_2.z_2 - 2.\lambda.z_1\left(\frac{T_L}{J} + \dot{\omega}_r - k_1.z_1\right)\right] \tag{IV.116}$$

$$\xi_2 = \frac{1}{\mu}\left(\frac{T_L}{J} + \dot{\omega}_r - k_1.z_1\right) \tag{IV.117}$$

la forme de la dérivée de Lyapunov résultante s'écrit :

$$\dot{V}_2 = -k_1 z_1^2 - \left(k_2 + 2.\frac{R_r}{L_r}\right)z_2^2 - \frac{1}{\lambda}.\frac{R_r}{L_r}.\left(\tilde{\Psi}_a^2 + \tilde{\Psi}_b^2\right) \tag{IV.118}$$

L'expression (IV.115) est définie pour $\hat{\Psi}^2 \neq 0$. D'après (IV.115) $\hat{\Psi}^2$ est toujours positif pour un bon choix des conditions initiales $\hat{\Psi}_a(0)$, $\hat{\Psi}_b(0)$ tel que $\hat{\Psi}^2(0) > \hat{\Psi}_r^2(0)$ (avec $\Psi_r(t) > 0, \forall t \geq 0$). Si ces conditions sont réalisées, alors on évite la singularité de la matrice (voir équation IV.115).

D'après les équations (IV.109) et (IV.118), il résulte que $z_1, z_2, \tilde{\Psi}_a, \tilde{\Psi}_b$ tendent exponentiellement vers zéro et la stabilité est réalisée, ce qui permet d'écrire :

$$\begin{aligned} &\lim_{t\to\infty}\left(\omega(t) - \omega_r(t)\right) = 0 \\ &\lim_{t\to\infty}\left(\Psi_a^2 + \Psi_b^2 - \Psi_r^2(t)\right) = 0 \end{aligned} \tag{IV.119}$$

IV.3.4 Commande adaptative backstepping avec observateur

Pour cette application, la commande adaptative exige l'estimation du couple de charge puisque c'est un paramètre constant inconnu. T_L sera remplacé par son estimation $\hat{T}_L$ et la fonction de Lyapunov sera donnée par l'expression :

$$V_3 = \frac{1}{2}\left(z_1^2 + z_2^2 + \frac{1}{\lambda}\tilde{\Psi}_a^2 + \frac{1}{\lambda}\tilde{\Psi}_b^2 + \frac{1}{\delta}\tilde{T}_L^2\right) \quad \text{(IV.120)}$$

sa dérivée s'écrit :

$$\dot{V}_3 = \dot{z}_1 z_1 + \dot{z}_2 z_2 + \frac{1}{\lambda}\tilde{\Psi}_a.\dot{\tilde{\Psi}}_a + \frac{1}{\lambda}\tilde{\Psi}_b.\dot{\tilde{\Psi}}_b + \frac{1}{\delta}\tilde{T}_L.\dot{\tilde{T}}_L \quad \text{(IV.121)}$$

avec :

$T_L = \hat{T}_L + \tilde{T}_L$

et avec T_L constant, $\dot{\hat{T}}_L = -\dot{\tilde{T}}_L$

Le développement de l'équation (IV.121) donne le résultat suivant :

$$\dot{V}_3 = z_1\left[\mu.\left(\hat{\Psi}_a.i_b - \hat{\Psi}_b.i_a\right) - \frac{\hat{T}_L}{J} - \dot{\omega}_r\right] + z_2\left[2.\hat{\Psi}_a.\dot{\hat{\Psi}}_a + 2.\hat{\Psi}_b.\dot{\hat{\Psi}}_b - 2.\Psi_r.\dot{\Psi}_r\right]$$
$$+ \frac{1}{\lambda}\tilde{\Psi}_a\left[\lambda.\mu.i_b.z_1 - \frac{R_r}{L_r}\hat{\Psi}_a - \omega.\hat{\Psi}_b + R_r.\frac{M}{L_r}.i_a - \dot{\hat{\Psi}}_a\right]$$
$$+ \frac{1}{\lambda}\tilde{\Psi}_b\left[-\lambda.\mu.i_a.z_1 - \frac{R_r}{L_r}\hat{\Psi}_b + \omega.\hat{\Psi}_a + R_r.\frac{M}{L_r}.i_b - \dot{\hat{\Psi}}_b\right]$$
$$- \frac{R_r}{\lambda.L_r}\left(\tilde{\Psi}_a^2 + \tilde{\Psi}_b^2\right) + \tilde{T}_L.\left(\frac{1}{\delta}\dot{\tilde{T}}_L - \frac{z_1}{J}\right) \quad \text{(IV.122)}$$

Afin d'annuler les erreurs $\tilde{\Psi}_a$ et $\tilde{\Psi}_b$, on définit :

$$\dot{\hat{\Psi}}_a = \lambda.\mu.i_b.z_1 - \frac{R_r}{L_r}\hat{\Psi}_a - \omega.\hat{\Psi}_b + R_r.\frac{M}{L_r}.i_a \quad \text{(IV.123)}$$

$$\dot{\hat{\Psi}}_b = -\lambda.\mu.i_a.z_1 - \frac{R_r}{L_r}\hat{\Psi}_b + \omega.\hat{\Psi}_a + R_r.\frac{M}{L_r}.i_b \quad \text{(IV.124)}$$

et la loi d'adaptation déduite s'écrit :

$$\dot{\hat{T}}_L = -\delta.\frac{z_1}{J} \quad \text{(IV.125)}$$

Avec :

$$\mu.\left(\hat{\Psi}_a.i_b - \hat{\Psi}_b.i_a\right) - \frac{\hat{T}_L}{J} - \dot{\omega}_r = -k_1.z_1 \quad \text{(IV.126)}$$

l'expression (IV.122) devient :

$$\dot{V}_3 = -k_1.z_1^2 - \frac{1}{\lambda}.\frac{R_r}{L_r}.\left(\tilde{\Psi}_a^2 + \tilde{\Psi}_b^2\right)$$
$$+ z_2\left[-2.\frac{R_r}{L_r}\hat{\Psi}^2 + 2.\frac{R_r.M}{L_r}\left(\hat{\Psi}_a.i_a + \hat{\Psi}_b.i_b\right) + 2.\lambda.\mu.\left(\hat{\Psi}_a.z_1.i_b - \hat{\Psi}_b.z_1.i_a\right) - 2.\Psi_r.\dot{\Psi}_r\right]$$

(IV.127)

Sachant que :

$$z_2 = \hat{\Psi}^2 - \Psi_r^2 \quad \text{(IV.128)}$$

on aura :

$$\dot{V}_3 = -k_1 z_1^2 - \left(k_2 + 2.\frac{R_r}{L_r}\right) z_2^2 - \frac{1}{\lambda}.\frac{R_r}{L_r}.\left(\tilde{\Psi}_a^2 + \tilde{\Psi}_b^2\right) + z_2.\left[-2.\frac{R_r}{L_r}\Psi_r^2 + 2.\frac{R_r.M}{L_r}\left(\hat{\Psi}_a.i_a + \hat{\Psi}_b.i_b\right) + 2.\lambda.\mu.\left(\hat{\Psi}_a.z_1.i_b - \hat{\Psi}_b.z_1.i_a\right) - 2.\Psi_r.\dot{\Psi}_r + k_2.z_2\right] \quad \text{(IV.129)}$$

La réalisation de la stabilité exige que :

$$-2.\frac{R_r}{L_r}\Psi_r^2 + 2.\frac{R_r.M}{L_r}\left(\hat{\Psi}_a.i_a + \hat{\Psi}_b.i_b\right) + 2.\lambda.\mu.\left(\hat{\Psi}_a.z_1.i_b - \hat{\Psi}_b.z_1.i_a\right) - 2.\Psi_r.\dot{\Psi}_r + k_2.z_2 = 0 \quad \text{(IV.130)}$$

A partir des équations (IV.126) et (IV.130), on obtient l'expression suivante :

$$\begin{bmatrix} 2.\frac{R_r.M}{L_r}\hat{\Psi}_a - 2.\mu.\lambda.\hat{\Psi}_b.z_1 & 2.\frac{R_r.M}{L_r}\hat{\Psi}_b + 2.\mu.\lambda.\hat{\Psi}_a.z_1 \\ -\hat{\Psi}_b & \hat{\Psi}_a \end{bmatrix} \begin{bmatrix} i_a \\ i_b \end{bmatrix} = \begin{bmatrix} 2.\frac{R_r}{L_r}.\Psi_r^2 + 2.\Psi_r.\dot{\Psi}_r - k_2.z_2 \\ \frac{1}{\mu}.\frac{\hat{T}_L}{J} + \frac{\dot{\omega}_r}{\mu} - \frac{k_1}{\mu}.z_1 \end{bmatrix} \quad \text{(IV.131)}$$

et on déduit les lois de commande suivantes :

$$\begin{bmatrix} i_a \\ i_b \end{bmatrix} = \frac{1}{\hat{\Psi}^2}\begin{bmatrix} \hat{\Psi}_a & -\hat{\Psi}_b \\ \hat{\Psi}_b & \hat{\Psi}_a \end{bmatrix}.\begin{bmatrix} \xi_1 \\ \xi_2 \end{bmatrix} \quad \text{(IV.132)}$$

avec :

$$\xi_1 = \frac{L_r}{2R_r M}\left[2.\frac{R_r}{L_r}.\Psi_r^2 + 2.\Psi_r.\dot{\Psi}_r - k_2.z_2 - 2.\lambda.z_1\left(\frac{\hat{T}_L}{J} + \dot{\omega}_r - k_1.z_1\right)\right] \quad \text{(IV.133)}$$

$$\xi_2 = \frac{1}{\mu}\left(\frac{\hat{T}_L}{J} + \dot{\omega}_r - k_1.z_1\right) \quad \text{(IV.134)}$$

ce qui permet d'avoir la dérivée de la fonction de Lyapunov suivante :

$$\dot{V}_3 = -k_1 z_1^2 - \left(k_2 + 2.\frac{R_r}{L_r}\right) z_2^2 - \frac{1}{\lambda}.\frac{R_r}{L_r}.\left(\tilde{\Psi}_a^2 + \tilde{\Psi}_b^2\right) \quad \text{(IV.135)}$$

IV.3.5 Résultats de simulation

- Commande non adaptative avec observateur

$k_1=50$; $k_2=500$; $\lambda=0.0001$; $R_s=5.3$; $R_r=3.3$; $M=0.34$;$L_s=0.365$; $L_r=0.375$; $J=0.0075$;
$\mu=M/J.Lr$; $T=0.001$; $\omega(0)=0$; $\omega_r(0)=100$; $\Psi_a(0)=0$; $\Psi_b(0)=0$;
$\hat{\Psi}_a(0)=0{,}1$; $\hat{\Psi}_b(0)=0{,}1$; $\Psi_r=1.16$; $T_L=10$;

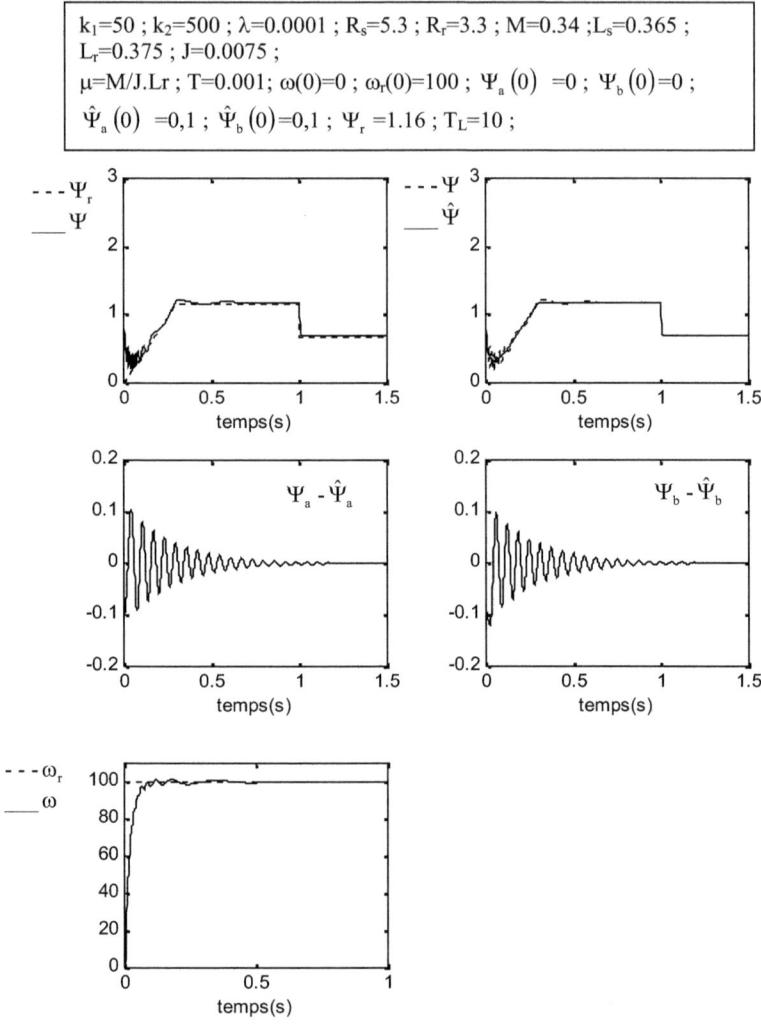

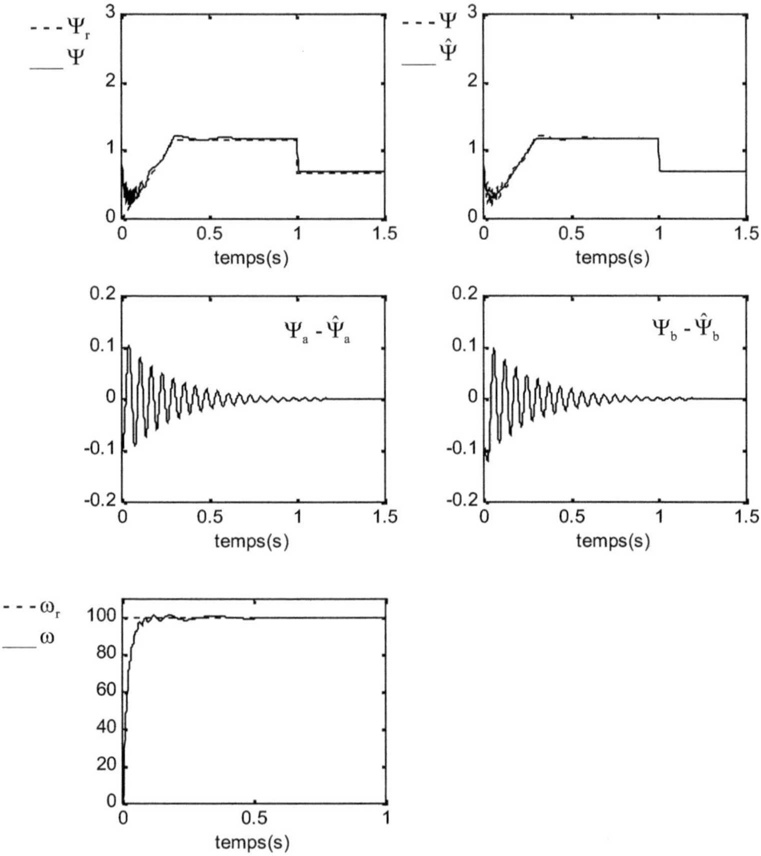

Figure IV.5 : Résultat de simulation de la commande non adaptative avec observateur d'un moteur à induction

- Commande adaptative avec observateur

$k_1=50$; $k_2=500$; $\lambda=0.0001$; $\delta=0{,}01$; $Rs=5.3$; $Rr=3.3$; $M=0.34$; $Ls=0.365$; $Lr=0.375$; $J=0.0075$; $\mu=M/J.Lr$; $T=0.001$;$\omega(0)=0$; $\Psi_a(0)=0$; $\Psi_b(0)=0$; $\hat{\Psi}_a(0)=0{,}1$; $\hat{\Psi}_b(0)=0{,}1$; $\Psi_r=1.16$;

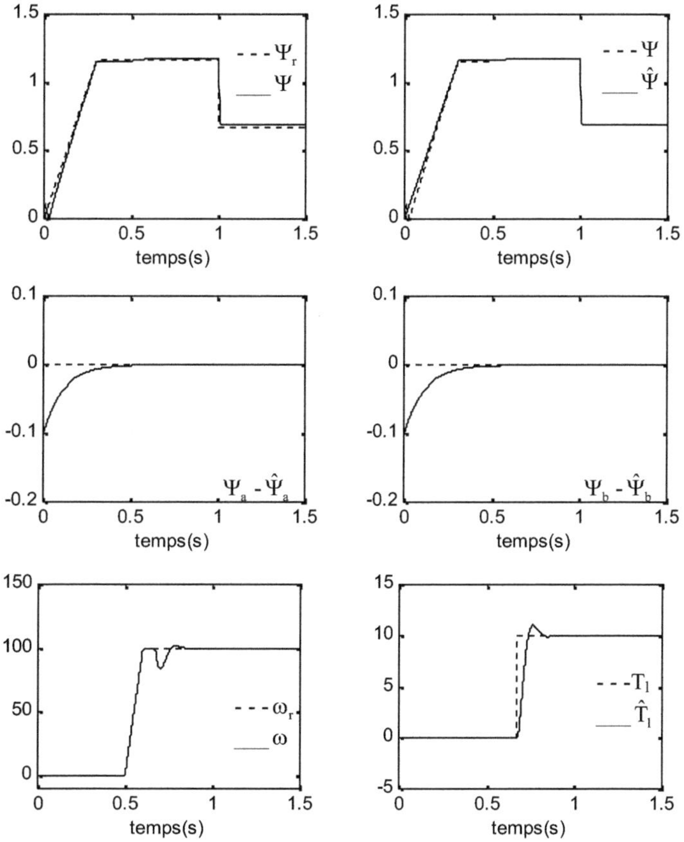

Figure IV.6 : Résultat de simulation de la commande adaptative avec observateur d'un moteur à induction

- Commande adaptative avec observateur

Faisant une autre application avec une vitesse de référence et un couple résistant constants, pour voir la différence avec les mêmes données et les mêmes conditions initiales.

k_1=50 ; k_2=500 ; λ=0.0001 ; δ=0,01 ; Rs=5.3 ; Rr=3.3 ; M=0.34 ; Ls=0.365 ; Lr=0.375 ; J=0.0075; μ=M/J.Lr ; T= 0.001; $\omega(0)$=0 ; $\Psi_a(0)=0$; $\Psi_b(0)=0$; $\hat{\Psi}_a(0)$ =0,1 ; $\hat{\Psi}_b(0)$ =0,1 ; Ψ_r =1.16; T_L=10 ; $\omega_r(0)$=100

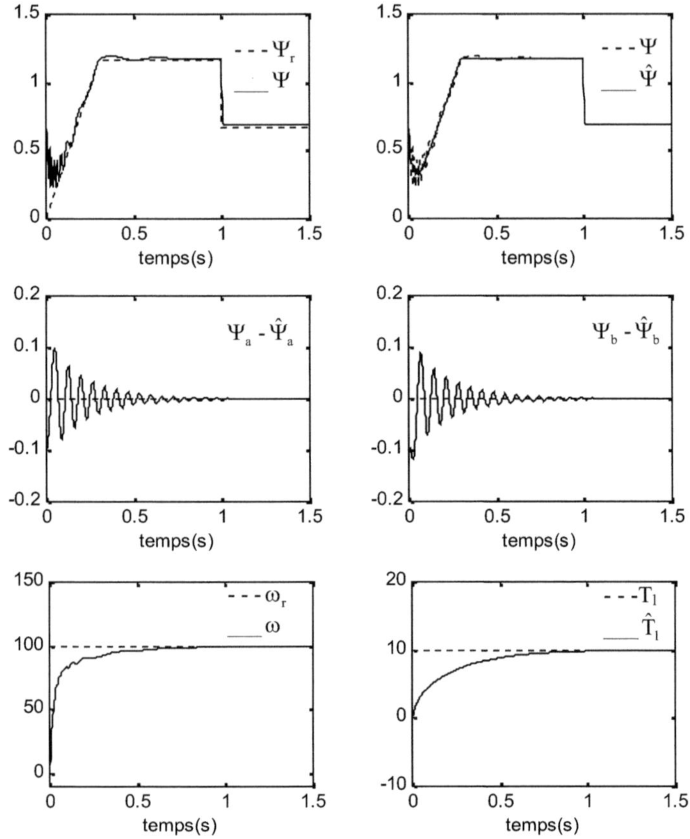

Figure IV.7 : Résultat de simulation de la commande adaptative avec observateur d'un moteur à induction

IV.4 Conclusion

Suivant les résultats retenus pour les trois applications, il est clair que cette technique montre de nouveau son rendement dans le domaine de commande adaptative. Les différentes figures expriment les performances de la commande, soit pour une régulation ou une poursuite.

CONCLUSION GENERALE

Les systèmes industriels qui requièrent une structure de commande ont souvent un comportement significativement non linéaire. La linéarisation autour d'un point de fonctionnement est souvent inadaptée pour les besoins de la commande, par conséquent il est important de développer des méthodes de commande pour les systèmes non linéaires. Le problème est formulé comme la mesure des variations du vecteur des paramètres dans un système obéissant à un modèle d'état non linéaire.

L'utilisation de plusieurs méthodes en théorie de la commande a été préconisée dés les années 70. En particulier l'analyse théorique et la commande des systèmes non linéaires ont fait l'objet de développements importants, grâce à l'introduction d'outils tels que les crochets de Lie de champs de vecteurs définis sur des variétés.

Ces travaux ont permis de généraliser de nombreux concepts fondamentaux jusqu'alors réservés aux systèmes linéaires, aux systèmes non linéaires. Dans un premier temps l'accent a été mis sur l'analyse structurelle des systèmes commandés différentiables. Ensuite ces résultats ont été combinés avec des techniques analytiques de stabilité, stabilisation, commande robuste, conduisant aux techniques récursives telles que le **"backstepping"**.

Au cours de ce travail, on a essayé d'apporter le plus grand soin au développement de cette technique de commande « backstepping », et on a pu adopter une démarche didactique dans la rédaction cet ouvrage.

Partant de ce fait, l'objectif assigné de ce travail a été atteint. Il consistait à proposer une technique de commande adoptée pour résoudre le problème de commande des systèmes non linéaires et particulièrement pour les robots et les moteurs.

Le but de ce travail était une étude par simulation de la commande adaptative par backstepping. Partant d'un modèle mathématique du procédé à commander, il fallait employer une commande adaptative par cette technique « backstepping » en utilisant le formalisme de Lyapunov. Probablement c'est le formalisme le plus aisé à mettre en œuvre, et bien adopté aux techniques de calcul assisté par ordinateur.

La majorité des travaux effectués, sur la résolution des problèmes de commande des systèmes non linéaires, suppose que toutes les variables d'état du système sont mesurables. Or en pratique, cette hypothèse n'est que très rarement vérifiée. Donc pour pallier ce problème on a fait une reconstruction de l'état et une synthèse d'observateur non linéaire.

La présence de variables d'état non mesurées dans un système non linéaire rend le problème particulièrement difficile. Deux méthodes ont été étudiées pour résoudre ce problème, et qui sont basées sur un observateur.

Dans ce contexte, deux méthodes de conception d'observateurs adaptatifs pour des systèmes non linéaires ont été développées (une méthode implicite et une autre basée sur un système étendu obtenu en décalant dans le temps les variables du système d'origine). Les inconvénients principaux de ces deux méthodes étaient, d'une part, des conditions d'excitation exigeantes, d'autre part, la quantité élevée de calculs.

L'étude a permis d'améliorer considérablement les deux méthodes mentionnées ci-dessus et le résultat est un observateur adaptatif efficace en terme de quantité de calcul. Les propriétés principales de l'algorithme sont sa convergence globale, sa conception constructive, et sa validité pour une classe de systèmes non linéaires qui ne peuvent pas être linéarisés par changement de variable.

Les programmes des différentes applications ont été totalement élaborés en MATLAB, version 5.2 qui est un outil de haut niveau pour la réalisation de ce genre de programmes.

Dans ce contexte, nous avons effectué différents essais quant aux choix judicieux des modèles qui ont permis d'avoir des résultats satisfaisants.

En outre cette contribution nous a montré que :

- Les résultats justifient clairement l'avantage d'utilisation de cette technique de commande.
- Il est à noter une bonne réduction du temps de calcul.
- Nos algorithmes sont robustes, efficaces et fiables.

Toutefois des essais sur des nouveaux modèles seraient prometteurs. Actuellement, notre travail est de finaliser les perspectives envisagées concernant le problème considéré. Ensuite, étant donné que ces résultats concernent la classe des systèmes non linéaires, nous envisageons d'étendre certains de ces résultats par la commande robuste. Une autre perspective est l'application de nos résultats théoriques à un système physique.

Les commandes actuelles de plus en plus sophistiquées exigent des déterminations des paramètres de plus en plus précises pour l'obtention de la stabilité de l'ensemble des divers régimes de fonctionnement. Donc, on signale qu'il reste beaucoup à faire dans le domaine de commande adaptative backstepping des systèmes non linéaires. Malgré son importance, ce domaine de recherche reste quasiment vierge sur la scène internationale dans le but de donner des contributions récentes à ce sujet.

Bibliographie

[1] A. Benaskeur and A. Desbiens, "Application of adaptive backstepping to the stabilization of the inverted pendulum," IEEE Canadian Conference on Electrical and computer Engineering, Waterloo, Canada, pp. 113-116, 1998.

[2] A. Grovlen and T. I. Fossen, "Nonlinear control of dynamic positioned ships using only position feedback : An observer backstepping approach," Proc. of the 35th IEEE Conference on Decision and Control, pp. 3388-3393, Kobe, Japan, Dec. 1996.

[3] A. Pruski, Robotique Générale, Edition Ellipse, France, 1988.

[4] A. Benaskeur, L. N. Paquin and A. Desbiens, "Toward industrial control applications of the backstepping," Conf. on Process Control and Instrumentation 2000, Glasgow, Ecosse, pp. 62-67, 2000.

[5] B. Yao, Adaptive robust control of non-linear systems with application to control of mechanical systems, Ph. D. Thesis, Department of Mechanical Engineering, University of California, Berkeley, 1996.

[6] C. K. Li, H. Chuo, Y. M. Hu and A. B. Rad, "Output tracking control of mobile robots based on adaptive backstepping and sliding modes," IEE Control Conference, Hong Kong, South China University of Technology, China, 2002.

[7] C. M. Kwan and F. L. Lewis, "Robust backstepping control of induction motors using neural networks," IEEE Transactions on Neural Networks, vol.11, no. 5, pp. 1178-1187, Sept. 2000.

[8] D. M. Dawson, J. J. Carroll and M. Schneider, "Integrator backstepping control of a brush DC motor turning a robotic load," IEEE Transactions on Control System Technology, vol. 2, no. 3, pp. 233-244, Sept. 1994.

[9] D. N. Kouya, M. Saad, L. Lamarche and C.Khairallah, "Backstepping adaptive position control for robotic manipulator," Proceedings of the American Control Conference, Arlington, VA June 25-27, pp. 636-640, June 2001.

[10] F Calugi, Observer-Based Adaptive Control, Master Thesis, Department of Automatic Control, Lund Institute of Technology, Lund Sweden, April 2002.

[11] F. Milsant, Cours d'Electrotechnique : Machines Electriques, Edition ELLIPSES, France, 1992.

[12] G. Sallet, J. C. Vivalda, et C. Wiemert, "Contrôle géométrique des systèmes non linéaires," projet commun à INRIA et à l'Université de Metz via le laboratoire mathématique, rapport interne, 2001.

[13] J. Baptiste et A. Sarychev, "Structure et commande des systèmes non-linéaires," available on the WWW at http:/www.control.toronto.edu/bortoff.

[14] L. Marce, M Juliere et H. Place, "Stratégie de contournement d'obstacles pour un robot mobile," Rairo, vol. 15, no. 1, 1981.

[15] M. Ilic-Spong, R. Marino, S. M. Peresada, and D. T. Or, "Feedback linearizing control of switched reluctance motors," IEEE Transactions on Automatic Control, vol. AC-32, pp. 371-379, May 1997.

[16] M. Jankovic , "Adaptive nonlinear output feedback tracking with a partial high-gain observer and backstepping," IEEE Transactions on Automatic Control, vol. 42, no. 1, pp. 106-113, January 1997.

[17] M. Krstic and P. V. Kokotovic, Nonlinear and adaptive control design, New York : Wiley, 1995.

[18] M. Mokhtari, et A. Mesbah, Apprendre et maîtriser MATLAB, Edition Springer, 1997.

[19] P. A. Absil and R. Sepulchre, "A hybrid control scheme for swing-up acrobatics," Proceedings of the European Conference on Control ECC 2001, Porto, Portugal, Sept. 2001.

[20] P. Coiffet, La robotique : Principe et application, Edition HERMES, France, 1986.

[21] P. V. Kokotovic, "The joy of feedback: Nonlinear and adaptive," IEEE Control Systems Magazine, vol. 12, pp. 7-17, Jun. 1992.

[22] R. Marino, S. Peresada, and P. Valigi, "Adaptive input-output linearizing control of induction motors," IEEE Trans. Automat. Contr., vol. 38, pp. 208-221, 1993.

[23] R. Milman, Adaptive backstepping control of the variable reluctance motor, Thesis, Department of Electrical and Computer Engineering, University of Toronto, Canada, 1997.

[24] S. A. Bortoff, R. R. Kohan, and R. Milman, "Adaptive control of variable reluctance motors: A spline function approach," IEEE Transactions on Industrial Electronics, vol. 45, no. 3, pp. 433-444, June 1998.

[25] S. D. Gennaro, "Output control of synchronous motors," Proceedings on the 37th IEEE Conference on Decision and Control, Florida USA, pp. 4658-4663, Dec. 1998.

[26] Y. Koren, La robotique pour Ingénieurs, Edition Mc Graw-Hill, 1986.

[27] Y. Ling and G. Tao, "Adaptive backstepping control design for linear multivariable plants," Proc. Of the 35th IEEE Conference on Decision and Control, Kobe, Japan, pp. 2438-2443, Dec. 1996.

[28] Z. P. Jiang and H. Nijmeijer, "Tracking control of mobile robots : A case study in backstepping," Automatica, Great Britain, vol. 33, no. 7, pp. 1393-1399, 1997.

Annexes

Annexe A

Approche de l'automatique non-linéaire par les méthodes de Lyapunov

approche globale : fonctions de Lyapunov

1 L'analogie mécanique

Considérons par exemple un pendule pesant ou un système à ressorts : l'intégration du modèle non linéaire est difficile, ou même impossible. Cependant, un résultat certain apparaît lorsqu'on s'intéresse à l'énergie mécanique emmagasinée dans le système : c'est une fonction qui décroît avec le temps, ce qui conduit finalement à l'immobilisation du système.

A quoi est due cette décroissance ? Elle est due à la dissipation d'énergie liée aux frottements, ou plus généralement à la non réversibilité des phénomènes de transport et de transformation de l'énergie.

Ainsi, dans les systèmes dissipatifs, l'énergie décroît, et le système est stable quelque part. Un cas limite est celui des systèmes conservatifs -" sans frottement "- qui peuvent rester éternellement en dehors de l'équilibre.

Bien entendu, il faudra se méfier des systèmes dans lesquels l'énergie peut augmenter par un apport extérieur.

Exemple du pendule pesant :

$$\frac{dx_1}{dt} = x_2$$

$$\frac{dx_2}{dt} = -\frac{g}{l}\sin x_1 - \frac{f}{m}x_2$$

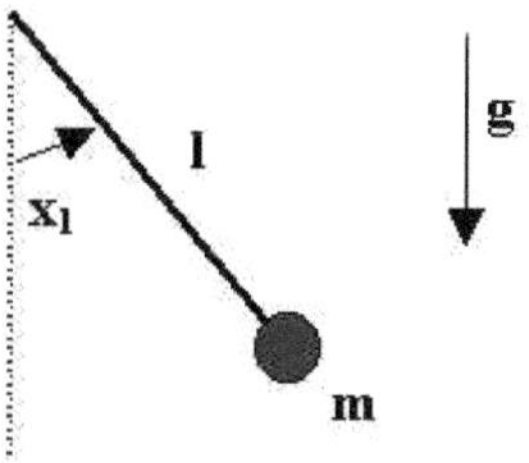

avec :

g : accélération de la pesanteur

l : longueur du balancier

f : coefficient de frottement visqueux

m : masse

On vérifie sans peine que $[x_1 ; x_2] = [2.k.\pi; 0]$ sont des points d'équilibre, stables localement en vertu du premier théorème de Lyapunov.

Définissons la fonction énergie **E** en ajoutant l'énergie cinétique et l'énergie potentielle :

$$E(x) = \frac{g}{l}(1 - \cos x_1) + \frac{1}{2}x_2^2$$

positive ou nulle, et calculons sa variation au cours du temps :

$$\frac{dE}{dt} = \frac{\partial E}{\partial x}.\frac{dx}{dt} \text{ soit encore :}$$

$$\frac{dE}{dt} = \begin{bmatrix} \frac{g}{l}\sin x_1 & x_2 \end{bmatrix}.\begin{bmatrix} x_2 \\ -\frac{g}{l}\sin x_1 - \frac{f}{m}x_2 \end{bmatrix}$$

$$\frac{dE}{dt} = \frac{-f}{m}.x_2^2$$

La variation d'énergie est toujours négative dès qu'il y a mouvement, le système est donc stable (chaque mouvement diminue l'énergie, et il s'arrêtera en un point d'énergie minimum).

2 Seconde méthode de Lyapunov

Théorème n°2

Soit $x = x_e$ un point d'équilibre, et **D** un domaine entourant l'équilibre.

S'il existe une fonction dérivable **V(x)** telle que :

$V(0) = 0$

$V(x) > 0$ pour $x \neq 0$

Alors, l'équilibre est stable si $\partial V/\partial t < 0$ dans le domaine D et asymptotiquement stable si $\partial V/\partial t = 0$ seulement en $x = x_e$.

La méthode est alors la suivante :

a./ Pour prouver la stabilité d'un équilibre, on recherche une fonction positive de l'état dont la dérivée dans le temps est négative.

b./ Si une fonction positive possède une dérivée temporelle non-négative, alors on ne peut rien conclure.

3 Retour sur le pendule pesant

Considérons pour le pendule, étudié pour $|x_1| < \pi$, la fonction :

$$V(x) = ½.x^T Px + (g/l)(1-\cos x_1)$$

$$P = \begin{bmatrix} \frac{f^2}{2.m^2} & \frac{f}{2.m} \\ \frac{f}{2.m} & 1 \end{bmatrix}$$

Avec :

La fonction V(x) est évidemment positive, puisque P est définie positive. Sa dérivée est :

$$\frac{dV}{dt} = -\frac{g.f}{2.l.m} x_1.\sin x_1 - \frac{k.x_2^2}{2.m}$$

qui est négative, et nulle seulement en $x = [0 ; 0]$. L'équilibre est donc asymptotiquement stable.

4 Recherche de fonctions de Lyapunov

La recherche d'une fonction satisfaisant les conditions ci-dessus est parfois délicate, la découverte d'une telle fonction n'est pas garantie.

En général, on commence par essayer des fonctions quadratiques de l'état

$V(x) = x^T P x$, P définie positive.

D'autres fonctions, comportant des intégrales, sont aussi employées. En règle générale, on cherche une fonction " candidate " avec un nombre suffisant de paramètres pour pouvoir rendre sa dérivée négative. Ce sujet sera abordé à propos de la commande par les fonctions de Lyapunov.

Annexe B

Développements de quelques équations

Chapitre I : Développement théorique de la méthode du Backstepping

- ***Développement de l'équation (I.49)***

A partir des équations (I.41) et (I.47) on peut écrire :

$$\dot{z}_2 = \left[\alpha_2 + y_r^{(2)}\right] + \varphi_2^{\,T}.\theta - y_r^{(2)} - \frac{\partial \alpha_1}{\partial x_1}(x_2 + \varphi_1^{\,T}.\theta) - \frac{\partial \alpha_1}{\partial \hat{\theta}}\dot{\hat{\theta}} - \frac{\partial \alpha_1}{\partial y_r}\dot{y}_r$$

Sachant que $\theta = \hat{\theta} + \tilde{\theta}$, on aura :

$$\dot{z}_2 = \left[\alpha_2 + y_r^{(2)}\right] + \varphi_2^{\,T}.\tilde{\theta} + \varphi_2^{\,T}.\hat{\theta} - y_r^{(2)} - \frac{\partial \alpha_1}{\partial x_1}(x_2 + \varphi_1^{\,T}.\hat{\theta}) - \frac{\partial \alpha_1}{\partial x_1}\varphi_1^{\,T}\tilde{\theta} - \frac{\partial \alpha_1}{\partial \hat{\theta}}\dot{\hat{\theta}} - \frac{\partial \alpha_1}{\partial y_r}\dot{y}_r$$

En utilisant (I.45) et (I.47), l'expression devient :

$$\dot{z}_2 = -z_1 - c_2 z_2 + v_2 - \frac{\partial \alpha_1}{\partial x_1}\varphi_1^{\,T}\tilde{\theta} - \frac{\partial \alpha_1}{\partial \hat{\theta}}\dot{\hat{\theta}} + \varphi_2^{\,T}.\tilde{\theta}$$

Avec $v_2 = \frac{\partial \alpha_1}{\partial \hat{\theta}}.\dot{\hat{\theta}}$, on aboutit à :

$$\dot{z}_2 = -z_1 - c_2 z_2 + \left(\varphi_2^{\,T} - \frac{\partial \alpha_1}{\partial x_1}\varphi_1^{\,T}\right)\tilde{\theta}$$

- ***Développement de l'équation (I.54)***

En tenant compte des équations (I.51) et (I.52), on aura :

$$\begin{aligned}\dot{z}_1 &= \dot{x}_1 - \dot{y}_r \\ &= x_2 + \varphi_1^{\,T}.\theta - \dot{y}_r \\ &= z_2 + \dot{y}_r + \alpha_1 + \varphi_1^{\,T}.\hat{\theta} + \varphi_1^{\,T}.\tilde{\theta} - \dot{y}_r\end{aligned}$$

L'expression (I.53) permet d'écrire :

$$\begin{aligned}\dot{z}_1 &= z_2 - c_1 z_1 - \omega_1^T\hat{\theta} + \varphi_1^{\,T}.\hat{\theta} + \varphi_1^{\,T}.\tilde{\theta} \\ &= z_2 - c_1 z_1 + \varphi_1^{\,T}.\tilde{\theta}\end{aligned}$$

- ***Développement de l'équation (I.55)***

Pour déterminer $\dot{z}_2$, on utilise les équations (I.52) et (I.53) :

$$\dot{z}_2 = \dot{x}_2 - y_r^{(2)} - \dot{\alpha}_1(x_1, \hat{\theta}, y_r)$$
$$= \dot{x}_2 - y_r^{(2)} - \frac{\partial \alpha_1}{\partial x_1}\dot{x}_1 - \frac{\partial \alpha_1}{\partial \hat{\theta}}\dot{\hat{\theta}} - \frac{\partial \alpha_1}{\partial y_r}\dot{y}_r$$

A partir de l'expression (I.51), on aboutit à :

$$\dot{z}_2 = x_3 + \varphi_2^{T}.\theta - y_r^{(2)} - \frac{\partial \alpha_1}{\partial x_1}(x_2 + \varphi_1^{T}.\theta) - \frac{\partial \alpha_1}{\partial \hat{\theta}}\dot{\hat{\theta}} - \frac{\partial \alpha_1}{\partial y_r}\dot{y}_r$$

L'expression (I.52) permet d'avoir :

$$\dot{z}_2 = z_3 + y_r^{(2)} + \alpha_2 + \varphi_2^{T}.\theta - y_r^{(2)} - \frac{\partial \alpha_1}{\partial x_1}(x_2 + \varphi_1^{T}.\theta) - \frac{\partial \alpha_1}{\partial \hat{\theta}}\dot{\hat{\theta}} - \frac{\partial \alpha_1}{\partial y_r}\dot{y}_r$$
$$= z_3 + \alpha_2 + \varphi_2^{T}.\tilde{\theta} + \varphi_2^{T}.\hat{\theta} - \frac{\partial \alpha_1}{\partial x_1}(x_2 + \varphi_1^{T}.\hat{\theta}) - \frac{\partial \alpha_1}{\partial x_1}\varphi_1^{T}.\tilde{\theta} - \frac{\partial \alpha_1}{\partial \hat{\theta}}\dot{\hat{\theta}} - \frac{\partial \alpha_1}{\partial y_r}\dot{y}_r$$

En introduisant (I.53), l'expression devient :

$$\dot{z}_2 = z_3 + \left[-z_1 - c_2 z_2 - (\varphi_2^{T} - \frac{\partial \alpha_1}{\partial x_1}\varphi_1^{T}).\hat{\theta} + \frac{\partial \alpha_1}{\partial x_1}x_2 + \frac{\partial \alpha_1}{\partial y_r}\dot{y}_r + \nu_2 \right]$$
$$+ \varphi_2^{T}.\tilde{\theta} + \varphi_2^{T}.\hat{\theta} - \frac{\partial \alpha_1}{\partial x_1}(x_2 + \varphi_1^{T}.\hat{\theta}) - \frac{\partial \alpha_1}{\partial x_1}\varphi_1^{T}\tilde{\theta} - \frac{\partial \alpha_1}{\partial \hat{\theta}}\dot{\hat{\theta}} - \frac{\partial \alpha_1}{\partial y_r}\dot{y}_r$$
$$= -z_1 - c_2 z_2 + z_3 + \varphi_2^{T}.\tilde{\theta} + \nu_2 - \frac{\partial \alpha_1}{\partial x_1}\varphi_1^{T}.\tilde{\theta} - \frac{\partial \alpha_1}{\partial \hat{\theta}}\dot{\hat{\theta}}$$

Avec $\nu_2 = \frac{\partial \alpha_1}{\partial \hat{\theta}}.\Gamma.\tau_2$ on aura :

$$\dot{z}_2 = -z_1 - c_2 z_2 + z_3 + \frac{\partial \alpha_1}{\partial \hat{\theta}}\Gamma.\tau_2 + (\varphi_2^{T} - \frac{\partial \alpha_1}{\partial x_1}\varphi_1^{T}).\tilde{\theta} - \frac{\partial \alpha_1}{\partial \hat{\theta}}\dot{\hat{\theta}}$$

- ***Développement de l'équation (I.56)***

$$V_2 = \frac{1}{2}z_1^2 + \frac{1}{2}z_2^2 + \frac{1}{2}\tilde{\theta}^{T}\Gamma^{-1}\tilde{\theta}$$
$$\dot{V}_2 = z_1\dot{z}_1 + z_2\dot{z}_2 - \tilde{\theta}^{T}\Gamma^{-1}\dot{\hat{\theta}}$$

En introduisant les expressions (I.54) et (I.55), la dérivée de Lyapunov s'écrit :

$$\dot{V}_2 = -c_1 z_1^2 - -c_2 z_2^2 + z_2 z_3 + z_2\frac{\partial \alpha_1}{\partial \hat{\theta}}\left[\Gamma.\tau_2 - \dot{\hat{\theta}}\right] + \tilde{\theta}^{T}\left[z_1\varphi_1 + z_2(\varphi_2 - \frac{\partial \alpha_1}{\partial x_1}\varphi_1) - \Gamma^{-1}\dot{\hat{\theta}}\right]$$

- ***Développement de l'équation (I.58)***

Des équations (I.51) et (I.52), $\dot{z}_3$ peut s'écrire :

$$
\begin{aligned}
\dot{z}_3 &= \dot{x}_3 - y_r^{(3)} - \dot{\alpha}_2(x_1, x_2, \hat{\theta}, y_r, \dot{y}_r) \\
&= \dot{x}_3 - y_r^{(3)} - \frac{\partial \alpha_2}{\partial x_1}\dot{x}_1 - \frac{\partial \alpha_2}{\partial x_2}\dot{x}_2 - \frac{\partial \alpha_2}{\partial \hat{\theta}}\dot{\hat{\theta}} - \frac{\partial \alpha_2}{\partial y_r}\dot{y}_r - \frac{\partial \alpha_2}{\partial \dot{y}_r}y_r^{(2)} \\
&= \left[\beta(x).u + \varphi_3{}^T.\theta\right] - y_r^{(3)} - \frac{\partial \alpha_2}{\partial x_1}\left[x_2 + \varphi_1{}^T.\theta\right] - \frac{\partial \alpha_2}{\partial x_2}\left[x_3 + \varphi_2{}^T.\theta\right] - \frac{\partial \alpha_2}{\partial \hat{\theta}}\dot{\hat{\theta}} - \frac{\partial \alpha_2}{\partial y_r}\dot{y}_r - \frac{\partial \alpha_2}{\partial \dot{y}_r}y_r^{(2)} \\
&= \beta(x).u + \varphi_3{}^T.\hat{\theta} - y_r^{(3)} - \frac{\partial \alpha_2}{\partial x_1}\left[x_2 + \varphi_1{}^T.\hat{\theta}\right] - \frac{\partial \alpha_2}{\partial x_2}\left[x_3 + \varphi_2{}^T.\hat{\theta}\right] + \left[\varphi_3{}^T - \frac{\partial \alpha_2}{\partial x_1}\varphi_1{}^T - \frac{\partial \alpha_2}{\partial x_2}\varphi_2{}^T\right]\tilde{\theta} \\
&\quad - \frac{\partial \alpha_2}{\partial \hat{\theta}}\dot{\hat{\theta}} - \frac{\partial \alpha_2}{\partial y_r}\dot{y}_r - \frac{\partial \alpha_2}{\partial \dot{y}_r}y_r^{(2)}
\end{aligned}
$$

- ***Développement de l'équation (I.59)***

$$
\begin{aligned}
V_3 &= V_2 + \frac{1}{2}z_3^2 \\
\dot{V}_3 &= \dot{V}_2 + z_3\dot{z}_3
\end{aligned}
$$

Remplaçant $\dot{V}_2$ et $\dot{z}_3$ par leurs expressions :

$$\dot{V}_3 = -c_1z_1^2 - c_2z_2^2 + z_2z_3 + z_2\frac{\partial\alpha_1}{\partial\hat{\theta}}\left[\Gamma.\tau_2 - \dot{\hat{\theta}}\right] + \tilde{\theta}^T\left[\tau_2 - \Gamma^{-1}\dot{\hat{\theta}}\right]$$

$$+ z_3\left[\begin{array}{l}\beta(x).u + \varphi_3{}^T.\hat{\theta} - y_r^{(3)} - \frac{\partial\alpha_2}{\partial x_1}(x_2 + \varphi_1{}^T.\hat{\theta}) - \frac{\partial\alpha_2}{\partial x_2}(x_3 + \varphi_2{}^T.\hat{\theta}) + (\varphi_3{}^T - \frac{\partial\alpha_2}{\partial x_1}\varphi_1{}^T - \frac{\partial\alpha_2}{\partial x_2}\varphi_2{}^T)\tilde{\theta} \\ -\frac{\partial\alpha_2}{\partial\hat{\theta}}\dot{\hat{\theta}} - \frac{\partial\alpha_2}{\partial y_r}\dot{y}_r - \frac{\partial\alpha_2}{\partial\dot{y}_r}y_r^{(2)}\end{array}\right]$$

$$= -c_1z_1^2 - c_2z_2^2 + z_2\frac{\partial\alpha_1}{\partial\hat{\theta}}\left[\Gamma.\tau_2 - \dot{\hat{\theta}}\right]$$

$$+ z_3\left[z_2 + \beta(x).u + \varphi_3{}^T.\hat{\theta} - y_r^{(3)} - \frac{\partial\alpha_2}{\partial x_1}(x_2 + \varphi_1{}^T.\hat{\theta}) - \frac{\partial\alpha_2}{\partial x_2}(x_3 + \varphi_2{}^T.\hat{\theta}) - \frac{\partial\alpha_2}{\partial\hat{\theta}}\dot{\hat{\theta}} - \frac{\partial\alpha_2}{\partial y_r}\dot{y}_r - \frac{\partial\alpha_2}{\partial\dot{y}_r}y_r^{(2)}\right]$$

$$+ \tilde{\theta}^T\left[\tau_2 - \Gamma^{-1}\dot{\hat{\theta}} + z_3(\varphi_3 - \frac{\partial\alpha_2}{\partial x_1}\varphi_1 - \frac{\partial\alpha_2}{\partial x_2}\varphi_2)\right]$$

$$= -c_1z_1^2 - c_2z_2^2 + z_2\frac{\partial\alpha_1}{\partial\hat{\theta}}\left[\Gamma.\tau_2 - \dot{\hat{\theta}}\right]$$

$$+ z_3\left[z_2 + \beta(x).u + \varphi_3{}^T.\hat{\theta} - y_r^{(3)} - \frac{\partial\alpha_2}{\partial x_1}(x_2 + \varphi_1{}^T.\hat{\theta}) - \frac{\partial\alpha_2}{\partial x_2}(x_3 + \varphi_2{}^T.\hat{\theta}) - \frac{\partial\alpha_2}{\partial\hat{\theta}}\dot{\hat{\theta}} - \frac{\partial\alpha_2}{\partial y_r}\dot{y}_r - \frac{\partial\alpha_2}{\partial\dot{y}_r}y_r^{(2)}\right]$$

$$+ \tilde{\theta}^T\left[\tau_2 - \Gamma^{-1}\dot{\hat{\theta}} + z_3w_3\right]$$

$$\text{avec}: w_3 = \varphi_3 - \frac{\partial\alpha_2}{\partial x_1}\varphi_1 - \frac{\partial\alpha_2}{\partial x_2}\varphi_2$$

- ***Développement de l'équation (I.72)***

$$\dot{z}_3 = -z_2 - c_3z_3 + \upsilon_3 + w_3{}^T.\tilde{\theta} - \frac{\partial\alpha_2}{\partial\hat{\theta}}\Gamma\tau_3$$

En utilisant (I.58), on trouve :

$$\dot{z}_3 = -z_2 - c_3z_3 + w_3{}^T.\tilde{\theta} + z_2\frac{\partial\alpha_1}{\partial\hat{\theta}}\Gamma w_3$$

ce qui permet d'avoir l'expression :

$$\dot{z}_3 = (-1 + \frac{\partial\alpha_1}{\partial\hat{\theta}}\Gamma w_3).z_2 - c_3z_3 + w_3{}^T.\tilde{\theta}$$

$$= (-1 - \sigma_{23}).z_2 - c_3z_3 + w_3{}^T.\tilde{\theta}$$

- ***Développement de l'équation (II.18)***

A partir des équations (II.13) et (II.17), on déduit :

$$\dot{z}_1 = \hat{x}_2 + \varepsilon_2 + \varphi_1(y)^T.\theta - \dot{y}_r$$

L'équation (II.6) permet d'écrire :

$$\begin{aligned}\dot{z}_1 &= \zeta_2(t) + \lambda_2(t).\theta + \upsilon_2(t).\theta_u + \varepsilon_2 + \varphi_1(y)^T.\theta - \dot{y}_r \\ &= \zeta_2(t) + \lambda_2(t).\theta + (\upsilon_2(t).\theta_u) + \varepsilon_2 + \varphi_1(y)^T.\hat{\theta} + \varphi_1(y)^T.\tilde{\theta} - \dot{y}_r\end{aligned}$$

En utilisant (II.13), on trouve alors :

$$\begin{aligned}\dot{z}_1 &= (\upsilon_2.\hat{\theta}_u - \dot{y}_r - \alpha_1) + \alpha_1 + \zeta_2 + \lambda_2.\hat{\theta} + \varphi_1{}^T.\hat{\theta} + (\lambda_2 + \varphi_1{}^T)\tilde{\theta} + \upsilon_2.\tilde{\theta}_u + \varepsilon_2 \\ &= z_2 + \alpha_1 + \zeta_2 + (\lambda_2 + \varphi_1{}^T)\hat{\theta} + (\lambda_2 + \varphi_1{}^T)\tilde{\theta} + \upsilon_2.\tilde{\theta}_u + \varepsilon_2\end{aligned}$$

- ***Développement de l'équation (II.21)***

$$\begin{aligned}\dot{V}_1 &= z_1.(z_2 - c_1 z_1 - d_1 z_1 + (\lambda_2 + \varphi_1{}^T)\tilde{\theta} + \upsilon_2.\tilde{\theta}_u + \varepsilon_2) + \tilde{\theta}^T\left(-\frac{1}{g}\dot{\hat{\theta}}\right) + \tilde{\theta}_u\left(-\frac{1}{g_u}\dot{\hat{\theta}}_u\right) - \frac{1}{d_1}\varepsilon^T.\varepsilon \\ &= -c_1 z_1^2 + z_1.\{z_2 + (\lambda_2 + \varphi_1{}^T)\tilde{\theta} + \upsilon_2.\tilde{\theta}_u\} - d_1 z_1^2 + z_1.\varepsilon_2 - \frac{1}{d_1}\varepsilon^T.\varepsilon + \tilde{\theta}^T\left(-\frac{1}{g}\dot{\hat{\theta}}\right) + \tilde{\theta}_u\left(-\frac{1}{g_u}\dot{\hat{\theta}}_u\right) \\ &= -c_1 z_1^2 - d_1.\left(z_1^2 - z_1\frac{\varepsilon_2}{d_1} + \frac{\varepsilon_2^2}{4.d_1^2}\right) + \frac{\varepsilon_2^2}{4.d_1} - \frac{1}{d_1}\varepsilon^T.\varepsilon + z_1.z_2 + \tilde{\theta}^T\left(z_1.(\lambda_2 + \varphi_1{}^T)^T - \frac{1}{g}\dot{\hat{\theta}}\right) + \tilde{\theta}_u\left(z_1.\upsilon_2 - \frac{1}{g_u}\dot{\hat{\theta}}_u\right) \\ &= -c_1 z_1^2 - d_1.\left(z_1 - \frac{\varepsilon_2}{2.d_1}\right)^2 + \frac{\varepsilon_2^2}{4.d_1} - \frac{1}{d_1}\varepsilon^T.\varepsilon + z_1.z_2 + \tilde{\theta}^T\left(z_1.(\lambda_2 + \varphi_1{}^T)^T - \frac{1}{g}\dot{\hat{\theta}}\right) + \tilde{\theta}_u\left(z_1.\upsilon_2 - \frac{1}{g_u}\dot{\hat{\theta}}_u\right)\end{aligned}$$

- ***Développement de l'équation (II.45)***

$$\dot{\varepsilon} = \dot{x} - \dot{\hat{x}}$$

D'après les expressions (II.41),(II.42),(II.43) et (II.44) on peut avoir le développement suivant :

$$\dot{\varepsilon} = \dot{x} - (\dot{\zeta}(t) + \dot{\lambda}(t).\theta + \dot{\upsilon}(t).\theta_u)$$

$$= \dot{x} - \left(\left(A.\zeta - K.\zeta_1 + K.y \right) + \left(A.\lambda - K.\lambda_1 + \varphi^T(y) \right)\theta + \left(A.\upsilon - K.\upsilon_1 + B.u \right).\theta_u \right)$$
$$= \dot{x} - \left(A.(\zeta + \lambda.\theta + \upsilon.\theta_u) + K.(y - (\zeta_1 + \lambda_1.\theta + \upsilon_1.\theta_u)) + \varphi^T(y).\theta + B.u.\theta_u \right)$$

- ***Développement de l'équation (II.53)***

En tenant compte des équations (II.48) et (II.52), on trouve :

$$\dot{z}_1 = \hat{x}_2 + \varepsilon_2 + \varphi_1(y)^T.\theta - \dot{y}_r$$

D'après l'expression (II.41), on aboutit à :

$$\dot{z}_1 = \zeta_2(t) + \lambda_2(t).\theta + \upsilon_2(t).\theta_u + \varepsilon_2 + \varphi_1(y)^T.\theta - \dot{y}_r$$
$$= \zeta_2(t) + \lambda_2(t).\left(\hat{\theta} + \tilde{\theta}\right) + \upsilon_2(t).\left(\hat{\theta}_u + \tilde{\theta}_u\right) + \varepsilon_2 + \varphi_1(y)^T.\hat{\theta} + \varphi_1(y)^T.\tilde{\theta} - \dot{y}_r$$

En introduisant l'équation (II.48), on aura :

$$\dot{z}_1 = \left(\upsilon_2.\hat{\theta}_u - \dot{y}_r - \alpha_1\right) + \alpha_1 + \zeta_2 + \lambda_2.\hat{\theta} + \varphi_1{}^T.\hat{\theta} + \left(\lambda_2 + \varphi_1{}^T\right)\tilde{\theta} + \upsilon_2.\tilde{\theta}_u + \varepsilon_2$$
$$= z_2 + \alpha_1 + \zeta_2 + \left(\lambda_2 + \varphi_1{}^T\right)\hat{\theta} + \left(\lambda_2 + \varphi_1{}^T\right)\tilde{\theta} + \upsilon_2.\tilde{\theta}_u + \varepsilon_2$$

- ***Développement de l'équation (II.56)***

En utilisant l'expression (II.55), $\dot{V}_1$ aura le développement :

$$\dot{V}_1 = z_1.\left(z_2 - c_1 z_1 - d_1 z_1 + \left(\lambda_2 + \varphi_1{}^T\right)\tilde{\theta} + \upsilon_2.\tilde{\theta}_u + \varepsilon_2\right) + \tilde{\theta}^T\left(-\frac{1}{g}\dot{\hat{\theta}}\right) + \tilde{\theta}_u\left(-\frac{1}{g_u}\dot{\hat{\theta}}_u\right) - \frac{1}{d_1}\varepsilon^T.\varepsilon$$
$$= -c_1 z_1^2 + z_1.\left\{z_2 + \left(\lambda_2 + \varphi_1{}^T\right)\tilde{\theta} + \upsilon_2.\tilde{\theta}_u\right\} - d_1 z_1^2 + z_1.\varepsilon_2 - \frac{1}{d_1}\varepsilon^T.\varepsilon + \tilde{\theta}^T\left(-\frac{1}{g}\dot{\hat{\theta}}\right) + \tilde{\theta}_u\left(-\frac{1}{g_u}\dot{\hat{\theta}}_u\right)$$
$$= -c_1 z_1^2 - d_1.\left(z_1^2 - z_1\frac{\varepsilon_2}{d_1} + \frac{\varepsilon_2^2}{4.d_1^2}\right) + \frac{\varepsilon_2^2}{4.d_1} - \frac{1}{d_1}\varepsilon^T.\varepsilon + z_1.z_2 + \tilde{\theta}^T\left(z_1.\left(\lambda_2 + \varphi_1{}^T\right)^T - \frac{1}{g}\dot{\hat{\theta}}\right) + \tilde{\theta}_u\left(z_1.\upsilon_2 - \frac{1}{g_u}\dot{\hat{\theta}}_u\right)$$
$$= -c_1 z_1^2 - d_1.\left(z_1 - \frac{\varepsilon_2}{2.d_1}\right)^2 + \frac{\varepsilon_2^2}{4.d_1} - \frac{1}{d_1}\varepsilon^T.\varepsilon + z_1.z_2 + \tilde{\theta}^T\left(z_1.\left(\lambda_2 + \varphi_1{}^T\right)^T - \frac{1}{g}\dot{\hat{\theta}}\right) + \tilde{\theta}_u\left(z_1.\upsilon_2 - \frac{1}{g_u}\dot{\hat{\theta}}_u\right)$$

- ***Développement de l'équation (II.76)***

L'expression (II.75) permet d'avoir :

$$\dot{V}_3 \le -\sum_{j=1}^{3} c_j z_j^2 - \frac{3}{4.d_1}\varepsilon^T.\varepsilon - \frac{3}{4.d_2}\varepsilon^T.\varepsilon$$

$$-d_3\left(z_3^2\left(-\frac{\partial\alpha_2}{\partial y}\right)^2 - z_3\left(-\frac{\partial\alpha_2}{\partial y}\right).\frac{\varepsilon_2}{d_3} + \frac{\varepsilon_2^2}{4d_3^2}\right) + \frac{\varepsilon_2^2}{4d_3^2} - \frac{1}{d_3}\varepsilon^T.\varepsilon$$

$$+ z_3\frac{\partial\alpha_2}{\partial\hat{\theta}}g\left(\tau_3 - \frac{1}{g}\dot{\hat{\theta}}\right) + z_2\frac{\partial\alpha_1}{\partial\hat{\theta}}g\left(\tau_3 - \frac{1}{g}\dot{\hat{\theta}}\right) + \tilde{\theta}^T\left(\tau_3 - \frac{1}{g}\dot{\hat{\theta}}\right)$$

$$-z_3\left(\upsilon_3 - \frac{\partial\alpha_2}{\partial\hat{\theta}_u}\right)g_u\left(\tau_{u,3} - \frac{1}{g_u}\dot{\hat{\theta}}_u\right) - z_2\upsilon_2 g_u\left(\tau_{u,3} - \frac{1}{g_u}\dot{\hat{\theta}}_u\right) + \tilde{\theta}_u\left(\tau_{u,3} - \frac{1}{g_u}\dot{\hat{\theta}}_u\right)$$

$$\le -\sum_{j=1}^{3} c_j z_j^2 - \frac{3}{4.d_1}\varepsilon^T.\varepsilon - \frac{3}{4.d_2}\varepsilon^T.\varepsilon - \frac{3}{4.d_3}\varepsilon^T.\varepsilon$$

$$+ z_3\frac{\partial\alpha_2}{\partial\hat{\theta}}g\left(\tau_3 - \frac{1}{g}\dot{\hat{\theta}}\right) + z_2\frac{\partial\alpha_1}{\partial\hat{\theta}}g.\left(\tau_3 - \frac{1}{g}\dot{\hat{\theta}}\right) + \tilde{\theta}^T\left(\tau_3 - \frac{1}{g}\dot{\hat{\theta}}\right)$$

$$-z_3\left(\upsilon_3 - \frac{\partial\alpha_2}{\partial\hat{\theta}_u}\right)g_u\left(\tau_{u,3} - \frac{1}{g_u}\dot{\hat{\theta}}_u\right) - z_2\upsilon_2 g_u\left(\tau_{u,3} - \frac{1}{g_u}\dot{\hat{\theta}}_u\right) + \tilde{\theta}_u\left(\tau_{u,3} - \frac{1}{g_u}\dot{\hat{\theta}}_u\right)$$

- ***Développement de l'équation (II.98)***

De l'équation (II.97), on peut écrire :

$$\dot{V}_1 = z_1.(\zeta_2 + \lambda_2.\theta_1 + \upsilon_2.\theta_u + \varepsilon_2 - \dot{y}_r) + \tilde{\theta}_1\left(-\frac{1}{g_1}\dot{\hat{\theta}}_1\right) + \tilde{\theta}_u^T\left(-\frac{1}{g_u}\dot{\hat{\theta}}_u\right) - \frac{1}{d_1}\varepsilon^T.\varepsilon$$

$$= z_1.\left(\zeta_2 + \lambda_2.\hat{\theta}_1 + \upsilon_2.\hat{\theta}_u + \lambda_2.\tilde{\theta}_1 + \upsilon_2.\tilde{\theta}_u + \varepsilon_2 - \dot{y}_r\right) + \tilde{\theta}_1\left(-\frac{1}{g_1}\dot{\hat{\theta}}_1\right) + \tilde{\theta}_u^T\left(-\frac{1}{g_u}\dot{\hat{\theta}}_u\right) - \frac{1}{d_1}\varepsilon^T.\varepsilon$$

$$= z_1.\left(\zeta_2 + \lambda_2.\hat{\theta}_1 + \upsilon_2.\hat{\theta}_u - \dot{y}_r + \alpha_1 - \alpha_1\right) + z_1.\varepsilon_2 + \tilde{\theta}_1\left(z_1.\lambda_2 - \frac{1}{g_1}\dot{\hat{\theta}}_1\right) + \tilde{\theta}_u^T\left(z_1.\upsilon_2^T - \frac{1}{g_u}\dot{\hat{\theta}}_u\right) - \frac{1}{d_1}\varepsilon^T.\varepsilon$$

$$= z_1.\left(z_2 + \alpha_1 + \zeta_2 + \lambda_2.\hat{\theta}_1\right) + z_1.\varepsilon_2 + \tilde{\theta}_1\left(z_1.\lambda_2 - \frac{1}{g_1}\dot{\hat{\theta}}_1\right) + \tilde{\theta}_u^T\left(z_1.\upsilon_2^T - \frac{1}{g_u}\dot{\hat{\theta}}_u\right) - \frac{1}{d_1}\varepsilon^T.\varepsilon$$

- ***Développement de l'équation (II.104)***

En utilisant (II.94), on aura :

$$
\begin{aligned}
(z_1+\dot z_2) &= z_1 + \frac{d(\upsilon_2.\hat\theta_u - \dot y_r - \alpha_1)}{dt} \\
&= z_1 + \dot\upsilon_2.\hat\theta_u + \upsilon_2.\dot{\hat\theta}_u - \ddot y_r - \dot\alpha_1
\end{aligned}
$$

A partir des expressions (II.90), (II.93) et (II.99) on déduit :

$$
(z_1+\dot z_2) = z_1 + (-k_2.\upsilon_1 + u).\hat\theta_u + \upsilon_2.\dot{\hat\theta}_u - \left(\frac{\partial\alpha_1}{\partial y}\dot y + \frac{\partial\alpha_1}{\partial y_r}\dot y_r + \frac{\partial\alpha_1}{\partial\zeta_2}\dot\zeta_2 + \frac{\partial\alpha_1}{\partial\lambda_2}\dot\lambda_2 + \frac{\partial\alpha_1}{\partial\hat\theta_1}\dot{\hat\theta}_1\right) - \ddot y_r
$$

Avec $c_1^* = c_1 + d_1$ et en utilisant les équations (II.88), (II.89) et (II.97) on aboutit à :

$$
\begin{aligned}
(z_1+\dot z_2) &= z_1 + (-k_2.\upsilon_1 + u).\hat\theta_u + \upsilon_2.\dot{\hat\theta}_u + c_1^*(\zeta_2 + \lambda_2\hat\theta_1 + \lambda_2\tilde\theta_1 + \upsilon_2.\hat\theta_u + \upsilon_2.\tilde\theta_u + \varepsilon_2) \\
&\quad - c_1^*.\dot y_r + (-k_2.\xi_1 + k_2.y) + \hat\theta_1(-k_2.\lambda_1 + \varphi(y)) + \lambda_2.\dot{\hat\theta}_1 - \ddot y_r \\
&= \alpha_2 + z_1 - k_2.(\zeta_1 + \lambda_1\hat\theta_1 + \upsilon_1.\hat\theta_u) + c_1^*.(\zeta_2 + \lambda_2\hat\theta_1 + \upsilon_2.\hat\theta_u) + c_1^*.(\lambda_2\tilde\theta_1 + \upsilon_2.\tilde\theta_u) \\
&\quad - c_1^*.\dot y_r + k_2 y - \ddot y_r + c_1^*.\varepsilon_2 + \lambda_2\dot{\hat\theta}_1 + \upsilon_2.\dot{\hat\theta}_u + \varphi(y).\hat\theta_1
\end{aligned}
$$

- ***Développement de l'équation (II.107)***

$$
\begin{aligned}
\dot V_2 &\le -c_1 z_1^2 + z_2\Big(-c_2.z_2 - d_2.(c_1^*)^2.z_2 + c_1^*.(\lambda_2\tilde\theta_1 + \upsilon_2.\tilde\theta_u + \varepsilon_2) + \lambda_2\dot{\hat\theta}_1 + \upsilon_2.\dot{\hat\theta}_u - (\lambda_2.g_1.\tau_1 + \upsilon_2.g_u.\tau_u)\Big) \\
&\quad - \frac{3}{4.d_1}\varepsilon^T.\varepsilon - \frac{1}{d_2}\varepsilon^T.\varepsilon + \tilde\theta_1\left(z_1.\lambda_2 - \frac{1}{g_1}\dot{\hat\theta}_1\right) + \tilde\theta_u^T\left(z_1.\upsilon_2^T - \frac{1}{g_u}\dot{\hat\theta}_u\right) \\
&= -c_1 z_1^2 - c_2 z_2^2 - d_2.(c_1^*)^2.z_2^2 + z_2 c_1^*.\varepsilon_2 - \frac{3}{4.d_1}\varepsilon^T.\varepsilon - \frac{1}{d_2}\varepsilon^T.\varepsilon + z_2 c_1^*(\lambda_2\tilde\theta_1 + \upsilon_2.\tilde\theta_u) \\
&\quad + z_2\left\{\lambda_2\dot{\hat\theta}_1 + \upsilon_2.\dot{\hat\theta}_u - (\lambda_2.g_1.\tau_1 + \upsilon_2.g_u.\tau_u)\right\} + \tilde\theta_1\left(z_1.\lambda_2 - \frac{1}{g_1}\dot{\hat\theta}_1\right) + \tilde\theta_u^T\left(z_1.\upsilon_2^T - \frac{1}{g_u}\dot{\hat\theta}_u\right) \\
&= -c_1 z_1^2 - c_2 z_2^2 - \frac{3}{4.d_1}\varepsilon^T.\varepsilon - d_2\left(z_2 c_1^* - \frac{1}{2.d_2}.\varepsilon_2\right)^2 + \frac{1}{2.d_2}.\varepsilon_2^2 - \frac{1}{d_2}\varepsilon^T.\varepsilon \\
&\quad - \lambda_2.z_2 g_1\left(\tau_1 - \frac{1}{g_1}\dot{\hat\theta}_1\right) + \tilde\theta_1\left(c_1^* z_2\lambda_2 + z_1.\lambda_2 - \frac{1}{g_1}\dot{\hat\theta}_1\right) \\
&\quad - \upsilon_2.z_2 g_u\left(\tau_u - \frac{1}{g_u}\dot{\hat\theta}_u\right) + \tilde\theta_u^T\left(c_1^* z_2\upsilon_2^T + z_1.\upsilon_2^T - \frac{1}{g_u}\dot{\hat\theta}_u\right) \\
&\le -c_1 z_1^2 - c_2 z_2^2 - \frac{3}{4.d_1}\varepsilon^T.\varepsilon - \frac{3}{4.d_2}\varepsilon^T.\varepsilon \\
&\quad - \lambda_2.z_2 g_1\left(\tau_1 - \frac{1}{g_1}\dot{\hat\theta}_1\right) + \tilde\theta_1\left(\tau_1 - \frac{1}{g_1}\dot{\hat\theta}_1\right) \\
&\quad - \upsilon_2.z_2 g_u\left(\tau_u - \frac{1}{g_u}\dot{\hat\theta}_u\right) + \tilde\theta_u^T\left(\tau_u - \frac{1}{g_u}\dot{\hat\theta}_u\right)
\end{aligned}
$$

- ***Développement de l'équation (IV.29)***

D'après les expressions (IV.26), (IV.27) et (IV.28) on peut écrire :

$$z_1 = y - y_r$$

$$= \dot{x} - \left(\dot{\zeta}(t) + \dot{\lambda}(t).\theta_1 + \dot{\upsilon}(t).\theta_u\right)$$

$$= \dot{x} - \left((A.\zeta - K.\zeta_1 + K.y) + \left(A.\lambda - K.\lambda_1 + \begin{bmatrix} 0 \\ \sigma_1(y) \end{bmatrix} \right).\theta_1 + \left(A.\upsilon - K.\upsilon_1 + \begin{bmatrix} 0 \\ \sum_{i=1}^{L} \sigma_i(x_1).B^T(u_i) \end{bmatrix} \right).\theta_u \right)$$

$$= \dot{x} - \left(A.(\zeta + \lambda.\theta_1 + \upsilon.\theta_u) + K.(y - (\zeta_1 + \lambda_1.\theta_1 + \upsilon_1.\theta_u)) + \begin{bmatrix} 0 \\ \sigma_1(y) \end{bmatrix}.\theta_1 + \begin{bmatrix} 0 \\ \sum_{i=1}^{L} \sigma_i(x_1).B^T(u_i) \end{bmatrix}.\theta_u \right)$$

- ***Développement de l'équation (IV.37)***

En remplaçant les expressions (IV.32) et (IV.36) on aboutit à :

$$\dot{V}_1 = z_1.(\zeta_2 + \lambda_2.\theta_1 + \upsilon_2.\theta_u + \varepsilon_2 - \dot{y}_r) + \tilde{\theta}_1\left(-\frac{1}{g_1}\dot{\hat{\theta}}_1 \right) + \tilde{\theta}_u^{\,T}\left(-\frac{1}{g_u}\dot{\hat{\theta}}_u \right) - \frac{1}{d_1}\varepsilon^T.\varepsilon$$

$$= z_1.\left(\zeta_2 + \lambda_2.\hat{\theta}_1 + \upsilon_2.\hat{\theta}_u + \lambda_2.\tilde{\theta}_1 + \upsilon_2.\tilde{\theta}_u + \varepsilon_2 - \dot{y}_r\right) + \tilde{\theta}_1\left(-\frac{1}{g_1}\dot{\hat{\theta}}_1 \right) + \tilde{\theta}_u^{\,T}\left(-\frac{1}{g_u}\dot{\hat{\theta}}_u \right) - \frac{1}{d_1}\varepsilon^T.\varepsilon$$

$$= z_1.\left(\zeta_2 + \lambda_2.\hat{\theta}_1 + \upsilon_2.\hat{\theta}_u - \dot{y}_r + \alpha_1 - \alpha_1\right) + z_1.\varepsilon_2 + \tilde{\theta}_1\left(z_1.\lambda_2 - \frac{1}{g_1}\dot{\hat{\theta}}_1 \right) + \tilde{\theta}_u^{\,T}\left(z_1.\upsilon_2^{\,T} - \frac{1}{g_u}\dot{\hat{\theta}}_u \right) - \frac{1}{d_1}\varepsilon^T.\varepsilon$$

L'équation (IV.33) permet d'écrire :

$$\dot{V}_1 = z_1.\left(z_2 + \alpha_1 + \zeta_2 + \lambda_2.\hat{\theta}_1\right) + z_1.\varepsilon_2 + \tilde{\theta}_1\left(z_1.\lambda_2 - \frac{1}{g_1}\dot{\hat{\theta}}_1 \right) + \tilde{\theta}_u^{\,T}\left(z_1.\upsilon_2^{\,T} - \frac{1}{g_u}\dot{\hat{\theta}}_u \right) - \frac{1}{d_1}\varepsilon^T.\varepsilon$$

- ***Développement de l'équation (IV.43)***

On peut développer ce qui suit en introduisant les équations (IV.33), (IV.28) et (IV.36) :

$$
\begin{aligned}
(z_1+\dot{z}_2) &= z_1+\frac{d(\upsilon_2.\hat{\theta}_u-\dot{y}_r-\alpha_1)}{dt}\\
&= z_1+\dot{\upsilon}_2.\hat{\theta}_u+\upsilon_2.\dot{\hat{\theta}}_u-\ddot{y}_r-\dot{\alpha}_1\\
&= z_1+\left(-k_2.\upsilon_1+\sum_{i=1}^{L}\sigma_i(x_1).B^T(u_i)\right).\hat{\theta}_u+\upsilon_2.\dot{\hat{\theta}}_u+c_1^*\left(\zeta_2+\lambda_2\hat{\theta}_1+\lambda_2\tilde{\theta}_1+\upsilon_2.\hat{\theta}_u+\upsilon_2.\tilde{\theta}_u+\varepsilon_2\right)\\
&\quad -c_1^*.\dot{y}_r+(-k_2.\xi_1+k_2.y)+\hat{\theta}_1(-k_2.\lambda_1+\sigma_1(y))+\lambda_2.\dot{\hat{\theta}}_1-\ddot{y}_r\\
&= \alpha_2+z_1-k_2.(\zeta_1+\lambda_1\hat{\theta}_1+\upsilon_1.\hat{\theta}_u)+c_1^*.(\zeta_2+\lambda_2\hat{\theta}_1+\upsilon_2.\hat{\theta}_u)+c_1^*.(\lambda_2\tilde{\theta}_1+\upsilon_2.\tilde{\theta}_u)\\
&\quad -c_1^*.\dot{y}_r+k_2y-\ddot{y}_r+c_1^*.\varepsilon_2+\lambda_2\dot{\hat{\theta}}_1+\upsilon_2.\dot{\hat{\theta}}_u+\sigma_1(y).\hat{\theta}_1
\end{aligned}
$$

- ***Développement de l'équation (IV.46)***

$$
\begin{aligned}
\dot{V}_2 &\le -c_1z_1^2+z_2\left(-c_2.z_2-d_2.(c_1^*)^2.z_2+c_1^*.(\lambda_2\tilde{\theta}_1+\upsilon_2.\tilde{\theta}_u+\varepsilon_2)+\lambda_2\dot{\hat{\theta}}_1+\upsilon_2.\dot{\hat{\theta}}_u-(\lambda_2.g_1.\tau_1+\upsilon_2.g_u.\tau_u)\right)\\
&\quad -\frac{3}{4.d_1}\varepsilon^T.\varepsilon-\frac{1}{d_2}\varepsilon^T.\varepsilon+\tilde{\theta}_1\left(z_1.\lambda_2-\frac{1}{g_1}\dot{\hat{\theta}}_1\right)+\tilde{\theta}_u^T\left(z_1.\upsilon_2^T-\frac{1}{g_u}\dot{\hat{\theta}}_u\right)\\
&= -c_1z_1^2-c_2z_2^2-d_2.(c_1^*)^2.z_2^2+z_2c_1^*.\varepsilon_2-\frac{3}{4.d_1}\varepsilon^T.\varepsilon-\frac{1}{d_2}\varepsilon^T.\varepsilon+z_2c_1^*(\lambda_2\tilde{\theta}_1+\upsilon_2.\tilde{\theta}_u)\\
&\quad +z_2\left\{\lambda_2\dot{\hat{\theta}}_1+\upsilon_2.\dot{\hat{\theta}}_u-(\lambda_2.g_1.\tau_1+\upsilon_2.g_u.\tau_u)\right\}+\tilde{\theta}_1\left(z_1.\lambda_2-\frac{1}{g_1}\dot{\hat{\theta}}_1\right)+\tilde{\theta}_u^T\left(z_1.\upsilon_2^T-\frac{1}{g_u}\dot{\hat{\theta}}_u\right)\\
&= -c_1z_1^2-c_2z_2^2-\frac{3}{4.d_1}\varepsilon^T.\varepsilon-d_2\left(z_2c_1^*-\frac{1}{2.d_2}.\varepsilon_2\right)^2+\frac{1}{2.d_2}.\varepsilon_2^2-\frac{1}{d_2}\varepsilon^T.\varepsilon\\
&\quad -\lambda_2.z_2g_1\left(\tau_1-\frac{1}{g_1}\dot{\hat{\theta}}_1\right)+\tilde{\theta}_1\left(c_1^*z_2\lambda_2+z_1.\lambda_2-\frac{1}{g_1}\dot{\hat{\theta}}_1\right)\\
&\quad -\upsilon_2.z_2g_u\left(\tau_u-\frac{1}{g_u}\dot{\hat{\theta}}_u\right)+\tilde{\theta}_u^T\left(c_1^*z_2\upsilon_2^T+z_1.\upsilon_2^T-\frac{1}{g_u}\dot{\hat{\theta}}_u\right)\\
&\le -c_1z_1^2-c_2z_2^2-\frac{3}{4.d_1}\varepsilon^T.\varepsilon-\frac{3}{4.d_2}\varepsilon^T.\varepsilon\\
&\quad -\lambda_2.z_2g_1\left(\tau_1-\frac{1}{g_1}\dot{\hat{\theta}}_1\right)+\tilde{\theta}_1\left(\tau_1-\frac{1}{g_1}\dot{\hat{\theta}}_1\right)\\
&\quad -\upsilon_2.z_2g_u\left(\tau_u-\frac{1}{g_u}\dot{\hat{\theta}}_u\right)+\tilde{\theta}_u^T\left(\tau_u-\frac{1}{g_u}\dot{\hat{\theta}}_u\right)
\end{aligned}
$$

MIX
Papier aus verantwortungsvollen Quellen
Paper from responsible sources
FSC® C105338

Printed by Books on Demand GmbH, Norderstedt / Germany